Margit Moravek

Das 1 x 1 der Internet-Akquise

Margit Moravek

Das 1 x 1 der Internet-Akquise

Neue Kunden - mehr Umsatz

2. Auflage

Bibliografische Information der Deutschen Nationalbibliothek
Die Deutsche Nationalbibliothek verzeichnet diese Publikation in der Deutschen
Nationalbibliografie; detaillierte bibliografische Daten sind im Internet über
http://dnb.d-nb.de abrufbar.

Hinweis: Aus Gründen der leichteren Lesbarkeit wird auf eine geschlechtsspezifische
Differenzierung verzichtet. Entsprechende Begriffe gelten im Sinne der Gleichbehandlung
für beide Geschlechter.

ISBN 978-3-7093-0638-3 (Print)
ISBN 978-3-7094-0906-0 (E-Book-ePub)
ISBN 978-3-7094-0907-7 (E-Book-PDF)

Es wird darauf verwiesen, dass alle Angaben in diesem Werk trotz sorgfältiger Bearbeitung
ohne Gewähr erfolgen und eine Haftung der Autorin oder des Verlages ausgeschlossen ist.

Umschlag: buero8
Satz: LINDE VERLAG Ges.m.b.H., Wien 2017

© LINDE VERLAG Ges.m.b.H., Wien 2018
1210 Wien, Scheydgasse 24, Tel.: 01/24 630
www.lindeverlag.de
www.lindeverlag.at
Druck: Hans Jentzsch u Co. Ges.m.b.H.
1210 Wien, Scheydgasse 31

INHALT

VORWORT

Liebe Leserinnen und Leser,

arbeiten Sie in einer Branche, in der Sie dazu gezwungen sind, immer wieder neue Kunden zu akquirieren? Oder haben Sie gerade ein Unternehmen gegründet und sind dabei, einen Kundenstock aufzubauen?

Wenn Sie für Ihre Akquise keine herkömmlichen Methoden wie telefonische Kalt-Akquise, Print-Mailings, Inserate, Prospekte oder Flugblätter einsetzen möchten, sondern neue Wege gehen wollen, dann haben Sie mit dem Kauf dieses Buches die richtige Entscheidung getroffen. Hier beschäftigen wir uns damit, wie Sie alleine über das Internet erfolgreich und nachhaltig Neukunden gewinnen. Die meisten im Buch beschriebenen Maßnahmen sind so einfach, dass Sie diese ohne professionelle Hilfe umsetzen können.

Ein weiterer Vorteil ist, dass Sie dafür kein großes Marketing-Budget benötigen. So gut wie alle Werkzeuge, die ich für die technische Umsetzung empfehle, gibt es in einer Gratis-Version. Viele Leser werden mit einem Marketing-Budget von 99 Euro pro Jahr auskommen. Wer mehr Funktionen nützen möchte, wird – so wie ich – 999 Euro pro Jahr investieren. Das ist ein überaus geringer Betrag im Vergleich zu den herkömmlichen Akquise-Methoden.

Was ich hier aber keinesfalls verschweige, ist, dass Sie für das Einrichten Ihres Internet-Akquise-Systems Zeit investieren müssen. Sie sollten die Vorlaufzeit mit vier bis sechs Wochen bemessen. Ist das System aber einmal eingerichtet, ist der zeitliche Aufwand überschaubar. Vieles lässt sich automatisieren. Die meiste Zeit benötigen Sie für die Arbeit mit Social Media und im Bereich Content-Marketing. Je nachdem, wie intensiv Sie sich diesen Bereichen widmen, sollten Sie mit zwei bis zehn Stunden pro Woche rechnen. Im Vergleich zur telefonischen Kalt-Akquise und den anschließenden Kunden-Präsentationen, die zu 90 Prozent leere Kilometer sind, ist das aber immer noch wenig Zeit. Und das bei viel höheren Erfolgs-Quoten.

Wie ist es zu diesem Buch gekommen?

Es gibt zwar eine Menge Spezial-Literatur zu den einzelnen Gebieten der Internet-Akquise, wie z.B. Bücher über XING, Facebook, Suchmaschinen-Optimierung, Content-Marketing oder E-Mail-Marketing, jedoch existiert kaum Literatur, die die Zusammenhänge und Synergie-Effekte, die sich aus der Kombination der einzelnen Instrumente ergeben, praxisnah für mittelständische Unternehmen erklärt.

So war es mir, als Frau der Praxis, ein Bedürfnis, ein Ratgeber-Buch zu schreiben, das die Internet-Akquise in seiner Gesamtheit beleuchtet und zugleich die wichtigsten Instrumente praxisnah präsentiert. Mein Ziel ist es, dass möglichst viele kleine und mittlere Unternehmer, Selbstständige und Berater diese Erkenntnisse in ihrer täglichen Akquise-Praxis gewinnbringend einsetzen. Das Buch richtet sich sowohl an Marketing-Einsteiger als auch an -Profis, die Alternativen zur Kalt-Akquise suchen.

Ich selbst nutze alle im Buch präsentierten Möglichkeiten zur Eigen-Akquise in meinem Unternehmen und habe alle beschriebenen Methoden langjährig und ausführlich im Rahmen von fast 1.000 Kunden-Projekten in 18 Jahren in der Praxis getestet.

Wie ist dieses Buch aufgebaut?

In acht Kapiteln begeben wir uns in die Welt der Kunden-Akquise übers Internet.

In **Kapitel 1** erkläre ich die Marketing-2.0-Strategie. Der große Vorteil von Marketing 2.0 ist, dass Sie mittels Sog-Effekt immer wieder neue Interessenten und Kunden für Ihre Produkte und Leistungen gewinnen. Und das ohne teure Werbung. Ich zeige Ihnen, wie Marketing 2.0 funktioniert, und gebe Ihnen einen Überblick über die einzelnen Marketing-2.0-Instrumente.

In **Kapitel 2** geht es darum, wie Sie hochqualifizierte Interessenten mittels Leadmagnet anziehen. Ich zeige Ihnen, wie Sie mit Hilfe einer Landing Page rechtlich einwandfreie E-Mail-Adressen dieser Interessenten gewinnen und wie Sie mit diesen Leads über eine Serie von Autorespondern warm werden.

In **Kapitel 3** erfahren Sie, was eine Akquise-Website von einer herkömmlichen Homepage unterscheidet. Sie erkennen, wie Sie Ihre bestehende Website optimieren bzw. worauf Sie bei einer neuen Website achten müssen.

In **Kapitel 4** lernen Sie alles zum Thema Suchmaschinen-Optimierung. Auf dieser Basis können Sie Ihre Website selbst optimieren. Auch das Thema Google AdWords betrachten wir gründlich.

In **Kapitel 5** erfahren Sie, wie Sie mit E-Mail-Marketing die gewonnenen Leads zu zahlenden Kunden machen. Schwerpunkt in diesem Kapitel ist das Texten von erfolgreichen Mailings.

In **Kapitel 6** beleuchten wir das Thema Social Media kritisch. Ich zeige Ihnen Wege, wie Sie in den einzelnen Social-Media-Portalen, insbesondere in XING und Facebook, Kontakte knüpfen und Kunden gewinnen. Ein wesentlicher Punkt ist auch die Nutzung von Facebook-Werbeanzeigen, um Besucher auf Ihre Landing Page zu bringen.

In **Kapitel 7** widmen wir uns der Webinar-Akquise. Webinare sind Vorträge im Internet. Sie lernen, wie Sie mit Webinaren neue Interessenten anziehen und Kunden gewinnen.

In **Kapital 8** erfahren Sie, warum „Content is King" gilt und wie Sie selbst über spannende Inhalte Leads generieren.

Mit diesem Buch halten Sie die überarbeitete Neuauflage in Händen. Ich habe mich sehr über die vielen positiven Rückmeldungen meiner Leserinnen und Leser der Erstausgabe gefreut. Einige haben mir gezeigt, wie sie das Wissen aus meinem Buch in der Praxis umgesetzt haben. Die vielen tollen Ergebnisse haben mich sehr gefreut und auch ein wenig stolz gemacht.

Seit der ersten Auflage sind drei Jahre vergangen. Vieles hat sich geändert, wie z.B. die gestiegene Bedeutung der Facebook-Ads oder die Möglichkeit der automatisierten Webinare. Anderes gibt es nicht mehr, wie z.B. den Google Page Rank. Und einiges hat komplett an Bedeutung verloren, wie z.B. Bookmarking oder auch Google+. Mit dieser zweiten Auflage möchte ich Sie wieder up to date bringen.

Möchten Sie mehr über das Thema Internet-Akquise wissen? Dann besuchen Sie eines meiner Webinare. Diese finden 14-tägig zu wechselnden Themen statt. Die aktuellen Termine finden Sie auf www.comstratega.at/events.

Ich wünsche Ihnen viel Spaß beim Lesen und Durcharbeiten dieses Buches. Für Fragen, Wünsche und Anregungen kontaktieren Sie mich bitte.

Viel Erfolg bei Ihrer Internet-Akquise
wünscht

Margit Moravek

Wien, im Dezember 2017

Kapitel 1:

Die Marketing-2.0-Strategie

Internet, E-Mail, Computer, Tablet, Smartphone, Social Media und Co. gehören heute zu unserem täglichen Leben. Gehen wir davon aus, dass es bei unseren Kunden ähnlich ist. Warum also in alten Medien verhaftet bleiben, wenn die potenziellen Neukunden doch schon längst Stammgast im Internet sind? Erfahren Sie in diesem Kapitel, wie auch Sie das Internet für Ihre Kunden-Akquise nützen und Ihr Marketing auf neue Beine stellen.

Marketing 2.0 – Die Strategie des 21. Jahrhunderts für mittelständische Unternehmen

Marketing 2.0 ist die Marketing- und Vertriebs-Strategie, die auf den Anwendungen des Internet 2.0 basiert. Der Erfolg beruht auf den Synergien der einzelnen Online-Instrumente wie z.B. Website, Social Media, E-Mail-Marketing, Webinare, Content-Marketing u.v.m. Ziel von Marketing 2.0 ist es, einen Nachfrage-Sog in der Zielgruppe aufzubauen. Das gelingt durch für den Kunden wertvolle Inhalte (Content) und einen weitgehend automatisierten Akquise-Prozess. Marketing 2.0 gehört zum Dialog-Marketing. Das heißt, der Dialog zwischen Unternehmen und Kunde steht im Mittelpunkt.

Für welche Branchen sich Marketing 2.0 eignet

Marketing 2.0 funktioniert in (fast) jeder Branche. Sowohl im Business-to-Business (B2B)- als auch im Business-to-Consumer (B2C)-Marketing. Branchen, in denen Marketing 2.0 wenig sinnvoll erscheint, sind solche, in denen es nur eine sehr eingeschränkte Anzahl an potenziellen Abnehmern gibt.

Branchen, die für Marketing 2.0 besonders geeignet sind: Aus- & Weiterbildung, Bauen & Wohnen, Einzelhandel aller Branchen, Finanzen & Versicherungen, Fitness & Wellness, Großhandel aller Branchen, Handwerk & Gewerbe, Hotellerie, Gastronomie, Industriebedarf, Internet-Handel, IT & Telekommunikation, Marketing & Werbung, Maschinen & Anlagen, Nahrungs- & Genussmittel, Pharma & Life Science, Rechtsanwälte, Steuerberater, Training, Beratung, Coaching, Unternehmensberatung.

● ●

MARKETING 2.0 – EINE STRATEGIE AUCH FÜR GROSSE UNTERNEHMEN

In einem meiner Webinare zum Thema „Kunden-Akquise übers Internet" wurde ich von einem Teilnehmer gefragt: „Warum habe ich den Eindruck, dass nur Einzelkämpfer und Klein-Unternehmer mit Marketing 2.0 arbeiten? Warum sehe ich das nicht auch bei größeren Unternehmen?"

Natürlich ist Marketing 2.0 auch eine Strategie für große Unternehmen. Viele Großunternehmen setzen Marketing 2.0 auch heute schon mit großem Erfolg ein. In großen Unternehmen gibt es jedoch auch komplexe Hierarchien und Entscheidungswege sowie eingefahrene Strukturen. Das macht große Unternehmen weniger flexibel für neue Marketing-Ansätze. In Großunternehmen dominieren oft noch verkrustete Vertriebs-Strukturen mit einem Heer an Außendienstmitarbeitern. Auch wenn telefonische Kalt-Akquise und persönliche Kundenbetreuung vor Ort immer weniger Erfolg bringen – trotz steigender Kosten –, bleiben viele Unternehmen diesen Strukturen treu. Gerade hier wäre eine Unterstützung des Vertriebs mit Marketing-2.0-Maßnahmen wünschenswert.

Ein großes Umdenken passiert gerade im Handel. Neben immer neuen Online-Shops, die wie Pilze aus dem Boden sprießen, eröffnen auch immer mehr stationäre Einzel- und Großhändler einen Webshop. Kaum ein Handelsunternehmen, das noch auf den Umsatz im Internet verzichten kann. Damit stellt sich automatisch ein neuer Vertriebsprozess ein. Auf kurz oder lang wird wohl jedes erfolgreiche Unternehmen auf Marketing-2.0-Strategien setzen (müssen).

Wie Marketing 2.0 funktioniert

Wenn Sie telefonische Kalt-Akquise betreiben, dann üben Sie auf den Angerufenen Druck aus. Der Angerufene hat nicht auf Ihren Anruf gewartet, sondern wird unvermittelt aus seiner Arbeit gerissen. Sie müssen ihm daher zuerst erklären, warum Sie anrufen. In einem Akquise-Gespräch versuchen Sie ihn zu überzeugen, dass es für ihn Sinn macht, einen Termin mit Ihnen zu vereinbaren. Mit dem Charme eines Verkäufers und ein wenig sanftem Druck gelingt dies auch ab und zu.

Sagt dieser Interessent Ihrem Termin zu, besuchen Sie diesen meist an seinem Arbeitsplatz und präsentieren ihm Ihr Angebot. Da der Interessent jedoch in den meisten Fällen seinen Bedarf noch gar nicht kennt, müssen Sie diesen erst aktiv wecken. Das allein nimmt schon viel Zeit in Anspruch. Nun versuchen Sie für den gerade erst erwachten Bedarf des Interessenten das passende Angebot zu präsentieren. Da der Bedarf aber noch sehr „frisch und jung" ist, müssen Sie hier schon mit den psychologischen Tricks eines erfahrenen Verkäufers arbeiten, damit der Vielleicht-Kunde bei der Abschlussfrage mit Ja antwortet. Ohne zumindest sanften Druck geht hier nichts. „Das ist eben das Los des Verkäufers", meinen Sie.

Überlegen Sie:

→ Wie geht es Ihnen bei diesem „Doppel-Drücker"? Einmal auf Druck einen Termin vereinbaren und dann auf Druck einen Abschluss herbeiführen? Ein ziemlich hoher Druck, der da auf Ihnen lastet.

→ Wie viel Zeit brauchen Sie vom Erst-Kontakt bis zum Auftrag?

→ Wie viel Zeit verbringen Sie im Auto, in der Bahn oder im Flugzeug?

→ Wie viele leere Kilometer sind ohne Abschluss dabei? Wie hoch ist Ihre Frustrationstoleranz?

Wie wäre es, wenn Sie ein neues Akquise-System hätten, mit dem Sie statt über Druck über einen Nachfrage-Sog arbeiten könnten, mit dem Sie Ihre Zielgruppen anziehen würden wie Honig die Fliegen? Wenn sich freiwillig hoch qualifizierte Interessenten in Ihren E-Mail-Verteiler eintragen würden? Wenn diese Leads sich auch freiwillig einen Ein-Stunden-Vortrag über Ihre Problemlösungen im Internet ansehen und schließlich von selbst auf Sie zukommen und sagen würden: „Ich möchte gerne bei Ihnen kaufen"?

Für viele Unternehmer, die mit Marketing 2.0 arbeiten, ist dies Realität. Dazu kommt: Durch den Nachfrage-Sog bauen Sie ein Potenzial an Aufträgen und Bestellungen auf. Doch werden im Normalfall immer gerade so viele Leads zu Kunden, wie Sie gerade bedienen können. Der Vorteil für Sie ist, dass Sie Auftrags- und Umsatzlöcher vermeiden. Schlaflose Nächte gehören der Vergangenheit an, da Sie wissen, dass Sie jederzeit auf Knopfdruck schlummernde Leads wecken können. Mit einem dicken Polster an Leads haben Sie die Gewissheit, dass Sie mit einer E-Mail-Marketing-Aktion im nächsten Monat genügend Aufträge und Umsatz lukrieren können. Oder wollen Sie expandieren? Das Marketing-2.0-System lässt sich sehr einfach skalieren.

Die erste Stufe in diesem Akquise-Prozess ist die Lead-Generierung. Unter Leads verstehen wir Menschen, die sich für die von uns angebotenen Lösungen interessieren und uns mit einer E-Mail-Adresse bekannt sind.

Im ersten Schritt geht es darum, vorerst namenlose Interessenten dazu zu bringen, unsere Website, unseren Blog oder unsere Social-Media-Profile zu besuchen. Dieser Schritt gelingt durch einen für die Zielgruppe spannenden Content, der meist konkrete Probleme der Zielgruppe anspricht und Lösungsmöglichkeiten aufzeigt. Am besten lassen sich Menschen durch Inhalte und Informationen anziehen, die ihnen Antworten auf konkrete Fragen liefern. Menschen im Alter 50 plus wollen wissen, wie sie in knapp zehn Jahren noch ihre Pensionslücke schließen. Modellflieger suchen nach dem besten Tragflächen-Tuning. Und Verkäufer interessieren sich für alle Tipps, die ihnen die Neukunden-Gewinnung erleichtert. Im zweiten Schritt bieten wir diesen Besuchern ein attraktives, kostenloses Geschenk in der Absicht, das Geschenk gegen die E-Mail-Adresse der Besucher einzutauschen.

Die zweite Stufe dient dem Aufbau von Vertrauen. Da im Internet die Kommunikation virtuell abläuft, spielt das Vertrauen zwischen dem Anbieter und den zukünftigen Kunden eine besonders große Rolle. Viele unseriöse Geschäftemacher haben verbrannte Erde hinterlassen; dies gilt es, wieder gutzumachen. Der Aufbau von Vertrauen gelingt insbesondere über die Medien E-Mail-Marketing, Social Media, Content-Marketing und Webinar.

Die dritte Stufe ist der eigentliche Verkauf. Ist das notwendige Vertrauen aufgebaut, ist der Lead bereit, erstmalig im Webshop des Anbieters zu kaufen. Dem Erstkauf liegt meist ein niedrigschwelliges Einsteiger-Angebot zugrunde. Geht es um erklärungsbedürftige Produkte oder Dienstleistungen, dann folgen vor dem Kauf ein oder mehrere persönliche Gespräche zwischen dem Anbieter und dem zukünftigen Kunden. Diese Gespräche können via E-Mail, Telefon, Skype oder auch in Form eines persönlichen Treffens stattfinden.

Die ersten beiden Stufen im Internet-Akquise-Prozess laufen naturgemäß virtuell ab. Dabei ist ein hoher Automatisierungsgrad möglich. Erfolgt der Kauf über einen Webshop, bleibt auch die dritte Stufe in der virtuellen Welt. Liegt ein persönliches Gespräch dazwischen, findet dieses vielfach in der realen Welt statt.

85 Prozent aller Geschäfte zwischen Unternehmen beginnen heute im Internet. Ein vernünftiges Business-to-Business-Marketing ist heute ohne Internet und Social Media gar nicht mehr möglich.

Das Prinzip des Sog-Marketing

Marketing 2.0 ist ein vielfach erprobtes Kunden-Sog-System. Sog ist das Gegenteil von Druck. Beim Druck-Marketing gehen Sie direkt auf den Kunden zu, um ihm mit mehr oder weniger Überredungskunst etwas zu verkaufen.

Im Falle von Sog-Marketing drehen Sie den Spieß um. Sie machen sich im Internet attraktiv und lassen den Kunden auf Sie zugehen. Durch für ihn nützlichen Content wird der Kunde auf Ihr Unternehmen und Ihre Leistungen aufmerksam. Er erkennt seinen Bedarf und ist neugierig auf Ihr Angebot. Er hat ein positives Gefühl und bringt Ihnen aufgrund mehrerer virtueller Kontakte, die über E-Mail-Marketing, Social Media, Webinare oder sonstige Online-Medien stattgefunden haben, Vertrauen entgegen. Daher verspürt er auch keine innere Hemmschwelle, wenn es darum geht, eine konkrete Anfrage an Sie zu richten.

Marketing 2.0 ist auf dem Prinzip von Geben und Nehmen aufgebaut. Um sich im Internet für Ihre Zielgruppe attraktiv zu machen, müssen Sie zuerst etwas geben. Menschen suchen im Internet nach relevanten Informationen. Überlegen Sie, welche Informationen für Ihre Zielgruppe wichtig sind. Stellen Sie diese Informationen in Form von Texten auf Ihrer Website, in Artikeln, Blog-Beiträgen, Videos, Interviews oder Social-Media-Beiträgen online. Ziehen Sie so die Menschen an, mit denen Sie später in Geschäftsbeziehung treten wollen. Im Gegenzug für Ihr Fachwissen und Ihre Tipps erhalten Sie die E-Mail-Adressen Ihrer Interessenten und generieren mit Hilfe von Internet und Social Media wertvolle Leads.

Arbeiten Sie am gezielten Aufbau von Vertrauen. Bieten Sie immer wieder neuen Content, z.B. in Form von E-Mail-Marketing oder eines Webinars. Der Lohn für Ihre Mühe: Die *WIRKLICH* Interessierten kommen direkt auf Sie zu.

Viele Menschen haben Angst davor, zu viel von sich, ihrem Unternehmen und ihrem Know-how preiszugeben. Sie stecken in dem alten Denken fest: „Wenn ich etwas verkaufen will, dann darf ich nichts verschenken" oder „Was nichts kostet, ist auch nichts wert". Wer jedoch mit beiden Händen an dem festhält, was er hat, hat keine Hand frei, um Neues zu empfangen. Wer mit Marketing 2.0 neue Kunden gewinnen und mehr Umsatz machen will, muss umdenken. Ohne Geben gibt es kein Nehmen. Wer nichts geben will, muss weiter Kalt-Akquise betreiben, teure Inserate schalten und seinen Kunden Produkte oder Dienstleistungen „hineindrücken", die diese gar nicht wirklich wollen oder brauchen.

→ **Frage:** Was ist, wenn ich mein Wissen im Internet verschenke und die User nur auf kostenloses Wissen aus sind, vielleicht sogar dieses Wissen selbst umsetzen?

→ **Antwort:** Kunden recherchieren heute im Internet. Keiner kauft mehr die Katze im Sack. Menschen kaufen heute dort, wo sie sicher sind, dass ihre Probleme gelöst und ihre Wünsche erfüllt werden.

→ Wenn ich Wissen gebe, erkennt meine Zielgruppe, dass sie bei mir richtig ist

→ **Frage:** Und was ist, wenn mein Know-how in die Hände der Konkurrenz fällt?

→ **Antwort:** Wenn Sie mit Ihrem Know-how hinter dem Berg halten, erhält es sicher nicht Ihre Konkurrenz. Jedoch können Sie mit diesem Denken auch keinen Kunden anziehen.

→ Wichtig ist, dass ich genug Kunden anziehe. Ob darüber hinaus noch andere von meinem Wissen profitieren, ist zweitrangig. Wenn ich Kunden anziehen will, muss ich mich vom alten Konkurrenz-Denken trennen.

→ **Frage:** Was soll ich noch verkaufen, wenn meine Kunden mein gesamtes Wissen schon aus dem Internet haben?

→ **Antwort:** Keine Sorge. Wenn Ihre Interessenten hochwertige Informationen bekommen haben, denken sie, dass sie mit Bezahlprodukten noch mehr Know-how von Ihnen erhalten.

→ Ich gebe gerne Wissen als Vorausleistung. Damit biete ich meinen Kunden einen Vorgeschmack auf mehr. Ohne Köder kein Fisch.

→ **Frage:** Funktioniert Sog-Marketing nicht auch, ohne Wissen zu verschenken?

→ **Antwort:** Nein, schummeln funktioniert nicht. Wissens-Geschenke dienen dem Aufbau von Vertrauen. Vertrauen ist die Währung im Internet. Schließlich gibt es schon zu viele unseriöse Anbieter im WorldWideWeb.

→ Ich muss im Internet Vertrauen säen, um Umsatz zu ernten.

→ **Frage:** Was ist das Erfolgs-Geheimnis von Sog-Marketing?

→ **Antwort:** Kunden müssen sich Ihnen und Ihrem Unternehmen emotional verbunden fühlen. Ein positives Gefühl weckt Kauflaune.

→ Hochwertige, kostenlose Informationen sind der Motor für meinen Nachfrage-Sog.

●●

Die Marketing-2.0-Strategie in drei Stufen

Verschaffen Sie sich einen Überblick über die drei Stufen der Marketing-2.0-Strategie: Interesse – Vertrauen – Verkauf. Falls Sie an dieser Stelle mit dem einen oder anderen Begriff wie „Landing Page" oder „Autoresponder" noch nichts anfangen können, dann sehen Sie entweder im Glossar am Endes des Buches nach oder warten, bis diese Instrumente auf den weiteren Seiten dieses Buches vorgestellt werden.

1. Online Interesse wecken

Machen Sie mit spannendem Content im Internet auf sich aufmerksam. Nützen Sie dafür an erster Stelle Ihre Website. Machen Sie Ihren Content mittels Suchmaschinen-Optimierung im Internet bekannt. Verbreiten Sie Ihren Content viral in den Social-Media-Kanälen. Nutzen Sie Landing Pages, um E-Mail-Adressen von Interessenten zu gewinnen. Machen Sie auf diese Weise namenlose Interessenten zu Leads. Weitere Verbreitungs-Möglichkeiten sind u.a. Blogs, Online-PR und Artikel-Portale. Nicht zu vergessen Pay-per-Click-Anzeigen bei Google bzw. Facebook.

2. Online Vertrauen aufbauen

Haben Sie erfolgreich Leads generiert? Dann arbeiten Sie nun gezielt am Aufbau des Vertrauens. Der Beginn einer vertrauensvollen Beziehung ist immer eine Autoresponder-Sequenz. Also eine Reihe an automatisch generierten E-Mails, die den neu in Ihrem Verteiler angekommenen Lead willkommen heißt. Was der Autoresponder angebahnt hat, wird per E-Mail-Marketing zur regelmäßigen Beziehungspflege. Wenn Sie Ihrem Vertrauensaufbau noch eines draufsetzen wollen, dann laden Sie Ihre Leads zu einem Webinar. Hier kann der Lead Ihre Kompetenz live erleben und dabei Ihre Stimme kennenlernen.

3. Offline Geschäfte abschließen

Anders als bei der Kalt-Akquise haben Ihre Interessenten Sie bereits kennengelernt. Zumindest virtuell. In jedem Fall wissen Sie, mit welchen Themen Sie sich beschäftigen und was Sie anbieten. Sobald Bedarf entsteht, kommt der Interessent von alleine auf Sie zu. Nicht Sie rufen einen potenziellen Kunden an, sondern er ruft Sie an. Vereinbarte Termine haben somit eine deutlich höhere Qualität, weil sie ja völlig freiwillig zustande gekommen sind.

Freuen Sie sich über Kundengespräche mit Menschen, die wirklich Interesse an Ihrem Angebot haben!

Mit Marketing 2.0 in sieben Schritten zum Kunden

Möchten auch Sie mit Ihrer Kunden-Akquise übers Internet starten? Dann folgen Sie diesem Sieben-Stufen-Plan – dem Erfolgs-Geheimnis von Marketing 2.0.

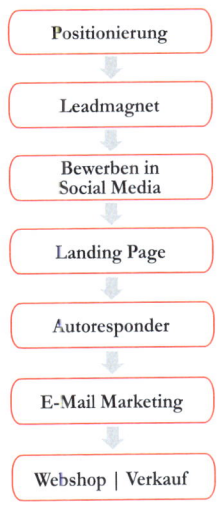

Schritt 1: Positionierung als Spezialist bzw. Experte

Eine klare Positionierung ist gerade im Marketing 2.0 von großer Bedeutung. Ein potenzieller Kunde, der über Ihre Website surft, muss in drei Sekunden erkennen, dass er auf Ihrer Website richtig ist. Erkennt er das nicht, surft er weiter zur nächsten Website. Mit einer Bauchladen-Strategie ist es daher sehr schwer, mit der Marketing-2.0-Strategie zu reüssieren. Sie müssen sich daher unbedingt als Spezialist (Unternehmen) bzw. als Experte (eigene Person) positionieren. Positionierung ist die Antwort auf die Frage: Wer will ich sein für wen? Also für welche Zielgruppe und wie soll mich diese wahrnehmen? Positionierung bedeutet die strategische Veränderung der Wahrnehmung Ihres Unternehmens im Kopf (Ratio) und im Herzen (Emotionen) Ihrer Zielgruppe. Wer in Kopf und Herz seiner Zielgruppe zur Nummer Eins werden will, muss zunächst an seiner Positionierung arbeiten.

Kunden möchten sich gut aufgehoben fühlen. Sie kaufen dort, wo Ihr subjektiver Nutzen am größten ist. Eine gute Positionierung setzt daher immer beim Kunden und dessen Problem an. Überlegen Sie, welche Kundenprobleme Sie besonders gut bzw. besser als andere lösen können. Zeigen Sie Ihren Kunden, dass Sie Spezialist (das Unternehmen steht im Vordergrund) bzw. Experte (Sie als Person stehen im Vordergrund) für diese spezifische Lösung sind. Nur so wecken Sie das Interesse potenzieller Kunden im Internet.

Die vier Prinzipien der Positionierung

1. **Engpass-Fokus:** Fokussieren Sie auf das brennendste Problem Ihrer Zielgruppe. Fokussieren bedeutet, dass Sie all Ihre Kräfte auf die Lösung des Problems lenken. Und somit glaubwürdig für Ihre Zielgruppe erscheinen. Stellen Sie sich folgende Fragen: 1. Was ist das brennendste Problem meiner Zielgruppe? 2. Wie kann ich dieses Problem besser lösen als meine Mitbewerber? 3. Wie kann ich meine Problemlösung bildhaft verpacken? Hier ein Beispiel: Meine Zielgruppe hat das Problem, dass sie laufend neue Kunden benötigt. Kunden über das Internet zu gewinnen ist die Lösung, die meinen Kunden – im Vergleich zu anderen Lösungen – Zeit und Geld spart. Ich bezeichne mich daher als „Expertin für Internet-Akquise", weil mit diesem Begriff ein Bild im Kopf meiner Zielgruppe entsteht und er zugleich die Problemlösung enthält. Mit einem Begriff wie „Expertin für Online-Marketing" würde meine Zielgruppe hingegen wenig anfangen. Ich habe mich daher mit dem Begriff „Internet-Akquise" im Internet positioniert. Mittlerweile habe ich im deutschsprachigen Raum die Themenführerschaft dazu erlangt. Sehr viele Menschen verbinden Margit Moravek nun mit dem Thema Internet-Akquise. Kunden, die diesen Bedarf haben, kommen von alleine auf mich zu.

2. **Spitz statt breit:** Bieten Sie für eine möglichst kleine, klar definierte Zielgruppe nur eine einzige Lösung an. Diese Lösung ist diejenige, mit der Ihr Kunde Sie als Spezialist bzw. Experte wahrnimmt.

3. **Nutzen-Fokus:** Orientieren Sie sich bei der Erstellung Ihres Angebots immer auf den wirkungsvollsten Punkt, nämlich den Nutzen für Ihre Ziel-

gruppe. Nur wenn Sie einen klaren Nutzen bieten, sind Sie für Kunden interessant.

4. **Emotion vor Ratio:** 70 bis 80 Prozent der Entscheidungen treffen wir auf Basis unserer Emotionen, obwohl uns das oft gar nicht bewusst ist. Definieren Sie daher Ihre Zielgruppe nach psychografischen Kriterien, wie z.B. Grundmotive, Kaufverhalten und limbische Belohnungs-Systeme (siehe Kapitel 3). Demografisch gesehen sind z.B. Prinz Charles und Elton John statistische Zwillinge. Beide sind männlich, 65+, Engländer und haben ein sehr hohes Einkommen. Wie sieht das aber psychografisch aus? Allein das Äußere beider Herren lässt schon auf ein unterschiedliches Wertesystem schließen.

Möchten Sie sich klar positionieren? Dann stellen Sie sich folgende Fragen:

Ihre Zielgruppe

→ Wie lässt sich Ihre Zielgruppe demografisch beschreiben?
  - Bei Privatpersonen: Wohnort, Alter, Geschlecht, Einkommen, Besitzmerkmale von Haus, Haustier, Auto etc.
  - Bei Unternehmen: Firmensitz, Branche, Firmengröße nach Mitarbeiteranzahl oder Umsatz

→ Welche gemeinsamen psychografischen Merkmale hat Ihre Zielgruppe? Bei Privatpersonen: Interessen, Einkaufverhalten (Diskonter, Markt, Delikatessenkäufer), Konsumverhalten (Weintrinker, Raucher), Werte (modern, konservativ, weltoffen, liberal)

→ Wer ist Ihr idealer Kunde und wie „tickt" dieser? Wie löst Ihr idealer Kunde sein brennendstes Problem? Woran denkt Ihr Idealkunde zuerst, wenn er an die Lösung dieses Problems denkt? Woran würde er nie denken?

→ Auf welche limbischen Belohnungs-Systeme sprechen Ihre Idealkunden an? (Was limbische Belohnungs-Systeme sind, erfahren Sie entweder im Glossar oder in Kapitel 3.) Lassen sich Ihre Idealkunden am ehesten über das Balance-, das Dominanz- oder das Stimulanz-System motivieren?

Ihre Leistungen bzw. Ihr Produkt

→ Worin sind Sie Spezialist bzw. Experte? Welche Probleme bzw. Wünsche können Sie besonders gut lösen bzw. erfüllen? Bei welchen Problemlösungen sind Sie besser als andere?

→ Welche besonderen Erfolge können Sie nachweisen?

→ Welche Leistungen bzw. Produkte bieten Sie an bzw. bieten Sie keinesfalls an? In diesem Punkt wünscht sich der potenzielle Kunde absolute Klarheit.

→ Können Sie Ihre Leistungen bzw. Produkte aufwerten – ohne unbedingt teurer zu werden? Welche Zusatzleistungen verursachen für Sie keine oder kaum Kosten, sind aber für den Kunden besonders wertvoll?

→ Welches Einstiegsangebot haben Sie, das die Hürde sehr niedrig ansetzt? Welches Angebot ist attraktiv und preisgünstig? Gibt es kostenlose Zugaben oder spezielle Rabatte?

Ihre Ausrichtung auf den Markt

→ Welche Zielgruppe wollen Sie ansprechen? Für welche Gruppe von Menschen haben Sie die größte Problemlösungs-Kompetenz? Für welche Gruppe von Menschen bringen Ihre Produkte und Leistungen den größten Nutzen?

→ Über welchen Faktor wollen Sie sich positionieren? Preis, Experten-Status, Einfach & bequem, Zeitersparnis, Exklusivität & Luxus, Tradition, Innovation u.v.m.

– Welche Faktoren sind bereits in Ihrem Markt besetzt?
– Welcher Faktor passt aufgrund Ihrer Ressourcen zu Ihnen?

→ Wie nimmt Sie Ihre Zielgruppe wahr? Wie wollen Sie von Ihrer Zielgruppe wahrgenommen werden?

→ Wie „verpacken" (Texte, Bilder, Design) Sie Ihre Positionierung verkaufswirksam?

• •

TIPPS FÜR ANBIETER VON DIENSTLEISTUNGEN

Bei Dienstleistungen besteht die Gefahr, dass Anbieter ihre Leistungen im Detail beschreiben, die Kunden aber nicht verstehen, was und warum sie kaufen sollen. Gerade im Bereich der Dienstleistungen finden sich vielfach nur Worthülsen anstatt einer klaren Positionierung. Verpacken Sie Ihre Dienstleistung daher als greifbares Produkt. Der Kunde sucht nach einer Lösung für sein Problem. Und nach einem Anbieter, der dieses Problem für ihn lösen kann.

Stellen Sie sich dazu folgende Fragen:

- → In welcher Situation befindet sich der Kunde gerade?
- → Welches Problem hat er?
- → Welchen Wunsch hat er?
- → Wie hat der Kunde das Problem bisher gelöst?
- → Welche Nachteile hat die bisherige Lösung?
- → Womit vergleicht der Kunde Ihre Lösung?
- → Wie lösen Sie das Problem des Kunden?
- → Wie erfüllen Sie den Wunsch des Kunden?
- → Welchen Kundennutzen bietet Ihre Lösung?
- → Welche Kaufmotive sprechen Sie mit Ihrer Lösung an?
- → Wie funktioniert Ihre Lösung?
- → Welche Details sind für die Kaufentscheidung relevant?

Schritt 2: Vorbereitung eines Leadmagnets

Um Interessenten zu gewinnen, müssen Sie diesen einen guten Grund geben, mit Ihnen in Kontakt zu treten. Ein guter Grund ist etwas, das dem Interessenten einen Nutzen bietet. Und dazu kostenlos und unverbindlich ist. Wir sprechen im Folgenden von einem Leadmagneten, also attraktiven kostenlosen Geschenken (im Englischen auch als „Freebee" bezeichnet) und Anreizen als Vorleistung im Hinblick auf den späteren Kauf eines Produkts oder einer Dienstleistung. Der Leadmagnet hat die Aufgabe, interessierte Menschen aus der Zielgruppe anzuziehen.

Beliebte Leadmagneten sind E-Books (spezielle Ratgeber-Broschüren in elektronischer Form), Checklisten, Videos und Einladungen zu Vorträgen, Webinaren oder anderen Veranstaltungen. Diese Freebees bieten dem Interessenten einen echten Nutzen. Ihr Unternehmen wird als Spezialist bzw. Sie als Experte für eine bestimmte Problemlösung wahrgenommen.

Das Erstellen eines E-Books bzw. eines anderen Freebees ist zwar mit ein paar Stunden Arbeit verbunden. Diese Maßnahme ist jedoch die Basis für eine Akquise auf Autopilot. So lohnt sich diese Mühe schon bald, wenn die ersten „Passiv-Anfragen" herein kommen. (Erfahren Sie mehr in Kapitel 2 „Leads generieren")

Schritt 3: Bewerbung in Internet und Social Media

Bewerben Sie den Leadmagnet in Ihren Social-Media-Kanälen, auf der eigenen Website bzw. in Ihrem Blog, auf Themen-Portalen, mittels Fachartikeln und Online-Pressemeldungen. Diejenigen, die sich in diesem Moment mit den Inhalte des Freebees (z.B. „Energiesparender Hausumbau", „Kunden gewinnen über das Internet" etc.) beschäftigen, fordern das E-Book an, weil sie das Thema interessiert und sie auch Bedarf am Angebot Ihres Unternehmens haben.

Die Bewerbung des Leadmagneten erfolgt über Ihre Website, Ihren Blog und vor allem über Ihre Social-Media-Kanäle. Hier eignen sich vor allem XING und Facebook. Mit gezielt gerichteten Facebook-Inseraten können Sie wahre Besucherströme (Traffic) anziehen (Erfahren Sie mehr in Kapitel 2 „Leads generieren").

Schritt 4: Landing Page für qualifizierte Lead-Adressen

Möchte der Interessent in den Genuss des Freebees kommen, klickt er zunächst auf Ihr Social-Media-Posting, Ihr Facebook-Inserat oder auf einen Banner auf Ihrer Website, auf dem das Freebee zu sehen ist. Darauf öffnet sich eine Landing Page. Diese spezielle Ein-Seiten-Homepage ist dafür da, Adressen von Interessenten zu sammeln. Nach der Eingabe der E-Mail-Adresse wird das Freebee automatisch als Download oder E-Mail verschickt.

Sie sehen, der Deal funktioniert ganz einfach: Freebee im Austausch gegen E-Mail-Adresse. Die Landing Page ist das Herzstück der Lead-Gewinnung. Ist sie einmal erstellt, läuft die Lead-Generierung völlig automatisch! (Erfahren Sie mehr in Kapitel 2 „Leads generieren")

Schritt 5: Automatisierter E-Mail-Versand

Eine automatisch erstellte E-Mail, die versendet wird, sobald sich ein neuer Lead in Ihren Verteiler eingetragen hat, nennt man Autoresponder. Der Autoresponder wird erstellt und versendet mit einer speziellen E-Mail-Versand-Software. Diese erledigt alle Aktivitäten im Hintergrund auf Autopilot. Sie versendet das Freebee, schreibt Dankeschön-Mails und ruft Ihr Unternehmen in gewünschten Zeitabständen immer wieder in Erinnerung. Kein Interessent wird vergessen.

Für Sie bedeutet das eine Entlastung von Routine-Aufgaben in Marketing und Verkauf. Außerdem bauen Sie sich einen langfristigen Vorrat an Interessenten und Aufträgen auf. (Erfahren Sie mehr in Kapitel 2 „Leads generieren")

Schritt 6: E-Mail-Marketing für den Vertrauensaufbau

Haben Sie erfolgreich Leads generiert, dann halten Sie zu diesen potenziellen Kunden mit regelmäßigen Akquise-Mailings Kontakt. Es sind durchschnittlich sechs bis zwölf Kontakte erforderlich, bis der Lead zu Ihnen Vertrauen aufgebaut hat. Bleiben Sie interessant, indem Sie Ihren Lesern immer wieder neuen nützlichen Content präsentieren. So bauen Sie Vertrauen auf und festigen Ihren Ruf als Spezialist bzw. Experte. Sie werden im Kopf Ihrer Leads zur Nummer Eins.

Gute Akquise-Mailings werden immer noch von Menschen geschrieben und können nicht automatisiert werden. Was sich jedoch automatisieren lässt, ist der Versand. Bereiten Sie also einige Akquise-Mailings auf einmal vor und lassen Sie diese zeitversetzt durch Ihr E-Mail-Versandsystem versenden. (Erfahren Sie mehr in Kapitel 5 „Akquise mit E-Mail-Marketing")

Schritt 7: Persönlicher Verkauf

Sie haben den Kontakt über das Marketing-2.0-Kunden-Sog-System hergestellt und das nötige Vertrauen aufgebaut. Nun folgt die Zeit der Ernte. Freuen Sie sich über qualifizierte und konkrete Anfragen Ihrer Leads. Wenn Sie keinen Webshop betreiben, müssen Sie im realen Leben „den Sack zumachen". Das heißt, Sie bearbeiten jede Anfrage individuell. Telefonieren, mailen oder skypen Sie mit Ihren Interessenten, legen Sie Angebote und besuchen Sie zukünftige Kunden auch persönlich vor Ort.

Sorgen Sie dafür, dass Sie immer eine genügend große Anzahl an Leads haben. Leads sind Ihr Potenzial an Aufträgen oder Bestellungen. Darauf können Sie immer zurückgreifen. Je größer Ihr Auftrags-Chancen-Potenzial ist, desto mehr können Sie sich darauf verlassen, dass zu jeder Zeit der eine oder andere Lead von allein reift und sich als Kunde bei Ihnen meldet. Freuen Sie sich über eine kontinuierliche Ernte an Kunden, Aufträgen und Umsatz – über das ganze Jahr verteilt.

Wie Sie Ihr Marketing-2.0-Akquise-System aufbauen

Bauen Sie Ihr Internet-Akquise-System einmalig auf und richten Sie es technisch so ein, dass der Lead- und Kunden-Gewinnungs-Prozess überwiegend
automatisch abläuft. Sie stellen Ihre Kunden-Gewinnung damit auf solide
Beine und machen Ihren Umsatz planbar. Dieses System lässt sich in Unternehmen mit mehreren Mitarbeitern auch leicht skalieren.

Wichtig ist, dass Sie die Kunden-Akquise übers Internet tatsächlich als
System verstehen. Ein System ist mehr als die Summe seiner Teile. Die hohe
Kunst besteht darin, die einzelnen Instrumente zu einem synergetischen Mix
zusammenzustellen.

Verschaffen Sie sich zunächst einmal einen Überblick über die Marketing-
2.0-Instrumente. Wie Sie mit diesen Instrumenten arbeiten und wie die technische Umsetzung funktioniert, erfahren Sie in den weiteren Kapiteln dieses
Buches.

Marketing-2.0-Instrument	Funktion
Leadmagnet	Wenn Sie Leads gewinnen möchten, brauchen Sie dafür einen Leadmagnet als Köder. Als Leadmagnet eignen sich vor allem E-Books, Checklisten und Gratis-Webinare. Diese holen Ihre Zielgruppe auf einer niedrigen Einstiegsschwelle ab. (Erfahren Sie mehr in Kapitel 2 „Leads generieren")
Bewerbung des Leadmagneten	Machen Sie auf Ihr Freebee aufmerksam. Platzieren Sie den Leadmagneten als Teaser-Text oder in Form eines Werbe-Banners auf Ihrer Website und Ihren Social-Media-Plattformen. Ein Link führt den Interessenten vom Leadmagneten zur Landing Page. Eine besondere Bedeutung bei der Bewerbung kommen hier Social-Media-Plattformen wie XING oder Facebook zu, insbesondere Facebook-Inserate. (Erfahren Sie mehr in Kapitel 2 „Leads generieren")
Landing Page	Eine Landing Page ist eine Ein-Seiten-Webpage ohne Navigations-Menü. Sie hat nur eine Aufgabe: E-Mail-Adressen von Leads zu generieren. (Erfahren Sie mehr in Kapitel 2 „Leads generieren")
Autoresponder	Rufen Sie sich bei Ihren Leads mit vollautomatischen E-Mails in Erinnerung. Bauen Sie gezielt Vertrauen auf. (Erfahren Sie mehr in Kapitel 2 „Leads generieren")
Video-Marketing	Verstärken Sie die Eintrage-Quote auf Ihrer Landing Page. Ein gutes Video macht's möglich. (Erfahren Sie mehr in Kapitel 2 „Leads generieren")
Akquise-Website	Ihre Website soll nicht bloß Visitenkarte im Internet sein? Dann rüsten Sie um auf eine Website, die Lead-Kontakte und Anfragen generiert. (Erfahren Sie mehr in Kapitel 3 „Akquise Websites")
Suchmaschinen-Optimierung	Lassen Sie sich von Ihren Kunden finden. Mit einer guten Suchmaschinen-Optimierung klappt es. (Erfahren Sie mehr in Kapitel 4 „Suchmaschinen-Optimierung und Suchmaschinen-Marketing")
Suchmaschinen-Marketing	Möchten Sie noch mehr Anfragen? Dann setzen Sie auf Werbung bei Google AdWords (Erfahren Sie mehr in Kapitel 4 „Suchmaschinen-Optimierung und Suchmaschinen Marketing")
E-Mail-Marketing	Es sind mindestens sechs Kontakte erforderlich, bis ein Lead zum Kunden wird. Mit E-Mail-Marketing begleiten Sie Ihre Interessenten beim Reifen! (Erfahren Sie mehr in Kapitel 5 „Akquise mit E-Mail-Marketing")
XING	XING ist die Plattform im B2B. Bahnen Sie hier Kontakte zu potenziellen Kunden an! (Erfahren Sie mehr in Kapitel 6 „Social-Media-Akquise")
Facebook	Generieren Sie Fans und Leads für Ihr Angebot. Arbeiten Sie am Vertrauens-Aufbau. Facebook wird auch im B2B immer wichtiger. Für noch mehr Leads in kurzer Zeit sind Facebook-Inserate ein heißer Tipp. (Erfahren Sie mehr in Kapitel 6 „Social-Media-Akquise")
Google+	Seit dem Relaunch 2017 ist Google+ zu einer Plattform für Bildersammlungen geworden und besitzt keine Relevanz mehr für die Internet-Akquise. (Erfahren Sie mehr in Kapitel 6 „Social-Media-Akquise")

YouTube	Machen Sie mit Videos auf sich aufmerksam. Videos machen Sie sympathisch und schaffen Vertrauen. (Erfahren Sie mehr in Kapitel 6 „Social-Media-Akquise")
Twitter	In der Kürze liegt die Würze. Twittern Sie Ihren Followers aktuelle News. (Erfahren Sie mehr in Kapitel 6 „Social-Media-Akquise")
LinkedIn	Verlinken Sie sich mit Studienkollegen und Geschäftspartnern. (Erfahren Sie mehr in Kapitel 6 „Social-Media-Akquise")
Pinterest	Lassen Sie Bilder für Ihr Angebot sprechen. (Erfahren Sie mehr in Kapitel 6 „Social-Media-Akquise")
Instagram	Erreichen Sie eine jüngere Zielgruppe via Instagram. Nützen Sie Bilder für Ihren Marken-Aufbau.
Akquise-Webinare	Nützen Sie Webinare zum Aufbau von Leads und unterstützen Sie Ihren Verkauf. (Erfahren Sie mehr in Kapitel 7 „Webinar-Akquise")
Blog-Marketing	Werden Sie zum Redakteur Ihrer eigenen „Zeitung". Regelmäßige Blogbeiträge machen Sie für Ihre Zielgruppe und für Google interessant. (Erfahren Sie mehr in Kapitel 8 „Akquise mit Content-Marketing")
Artikel-Marketing	Schreiben Sie sich mit Fachartikeln zum gefragten Experten. (Erfahren Sie mehr in Kapitel 8 „Akquise mit Content-Marketing")
Online Presseportale	Verschaffen Sie sich mit einem Online-PR-Artikel nicht nur Aufmerksamkeit, sondern generieren Sie auch wertvolle Backlinks. Reihen Sie sich so bei Google weiter nach vorne. (Erfahren Sie mehr in Kapitel 8 „Akquise mit Content-Marketing")

Die einzelnen Medien sind miteinander verknüpft

Im Marketing 2.0 ist Ihre Website Ausgangspunkt für alle Aktivitäten. Hier entsteht Content. Das heißt wertvoller Inhalt, insbesondere Fachwissen, Erfahrungsberichte und Tipps. Natürlich findet der Besucher auch Ihre Angebote auf Ihrer Website.

Als Mittelpunkt im Marketing 2.0 steht Ihre Website mit allen anderen Marketing-2.0-Instrumenten in Interaktion. Auf der einen Seite bringen die darum versammelten Instrumente wie Landing Page, Autoresponder, E-Mail-Marketing, Social Media, Webinare und Content-Marketing Besucherströme (Traffic) auf Ihre Website. Auf der anderen Seite wird Content von der Website aus über die anderen Instrumente an die Zielgruppe bzw. an die Leads und Kunden verteilt.

Ebenso stehen die außen stehenden Instrumente untereinander in Beziehung: So generieren Sie z.B. über die Landing Page E-Mail-Adressen, die Sie dann im E-Mail-Marketing verwenden. Über die Social-Media-Kanäle gewinnen Sie Teilnehmer für Ihre Webinare. Die Teilnehmer der Webinare betreuen Sie dann mit E-Mail-Marketing weiter.

Beispiele für erfolgreiche Interaktionen im Marketing 2.0

→ Lead-Generierung: Bahnen Sie neue Kontakte in Social-Media-Kanälen an. Versprechen Sie diesen Kontakten ein wertvolles E-Book oder anderes Freebee. Dafür muss der Kontakt auf der Landing Page seine E-Mail-Adresse hinterlassen. Der Autoresponder begrüßt den neuen Lead.

→ Vertrauensaufbau: Pflegen Sie Ihre Kontakte per E-Mail-Marketing, Social-Media-Marketing und Webinaren.

→ Verkauf: Bahnen Sie Ihren Verkauf mit einer E-Mail-Marketing-Aktion oder einem Webinar an.

→ Besucher-Aufbau: Bringen Sie mehr Besucher auf Ihre Website durch Verlinkung Ihrer Artikel in Blogs, Artikel-Portalen und Online-PR-Portalen. Eine gute Suchmaschinen-Optimierung trägt ebenso zu mehr Traffic bei. Nutzen Sie auch Pay-per-Click-Inserate (PPC) bei Google AdWords oder Facebook Ads. Das sind Inserate, die auf der Basis der getätigten Klicks auf Ihre Website bzw. Landing Page verrechnet werden.

Sie sehen, dieses System birgt sehr viele Synergien. Je mehr Puzzle-Steine Sie in Ihr System integrieren, desto erfolgreicher wird Ihre Akquise übers Internet.

BEISPIEL FÜR EIN MARKETING-2.0-AKQUISE-SYSTEM
Unternehmen im Bereich Import und Großhandel von Fotoapparaten und Zubehör
Zielgruppe: Profi-Fotografen, Händler

Ziel: Der Großhandel steckt im Umbruch. Daher soll verstärkt die Zielgruppe „Profi-Fotografen" direkt angesprochen werden und mit dieser Zielgruppe deutlicher Zusatzumsatz erzielt werden.

Überlegungen: Profi-Fotografen setzen sich sehr intensiv mit ihrem Beruf auseinander. Sie interessieren sich stark für Neuheiten am Fotosektor und Hintergrund-Storys von Fotoshootings. Fotografen lieben Communitys und treiben sich gerne in Social Media herum.

Folgerungen: Ausgangspunkt für eine Marketing-2.0-Strategie soll nicht eine mehr oder minder statische Website sein. Fotografen wollen am Puls der Zeit sein. Diesem Anspruch wird ein Blog besser gerecht.

Strategie: Es wird ein Fotoprofi-Blog eingerichtet, der dem Fotografen hochwertigen Content liefert. Die Inhalte stammen zum Teil von Herstellern der Fotobranche und werden leicht adaptiert. Andere Beiträge stammen von eigenen Kunden, die über Shootings berichten. Dazu kommen aktuelle Berichte aus der Fachwelt.

Der Blog wird in Facebook und XING beworben. Das funktioniert ganz einfach, indem jeder neue Beitrag in Facebook und XING geteilt wird. Da nur der Link und ein Anriss der Story geteilt werden, sorgt diese Maßnahme nicht nur für Besucher am Blog, sondern auch für wertvolle Backlinks aus den Social-Media-Kanälen, die wiederum das Google-Ranking verbessern. Spannende Blogbeiträge werden in den Fotografen-Communitys gerne viral verbreitet.

Mittels eines E-Books über den Einsatz von Licht werden über eine Landing Page E-Mail-Adressen von Leads generiert. Die Bekanntmachung des E-Books erfolgt über die Fotografen-Communitys in den Social Media.

Auch über Webinare zum Thema „Lichteffekte" werden Leads generiert. Die Einladungen zu den Webinaren erfolgen über den eigenen Blog und in den Social Media.

Die gewonnenen Leads werden mittels regelmäßiger E-Mail-Marketing-Aktionen betreut. In den Mailings geht es meist um spezielle Kunden-Aktionen.

Dadurch steigt der Traffic im Webshop. Standardisierte, niedrigpreisige Produkte werden über den Webshop verkauft. Für erklärungsbedürftige Produkte steht ein Fachberater bereit, der gerne auch die Kunden vor Ort besucht und Aufträge einholt.

Ergebnis: Das Marketing-2.0-System ersetzt einen Außendienst-Verkäufer, der im Vergleich zur Internet-Akquise weniger Neugeschäft brachte. Und das bei einem Vielfachen an Kosten.

● ●

In diesem Kapitel konnten Sie das Konzept dieser Strategie kennenlernen. Der Blick war auf das große Ganze gerichtet. In den nachfolgenden Kapiteln betrachten wir die Details der einzelnen Instrumente und die praktische Umsetzung.

Kapitel 2:

Leads generieren

Im Marketing 2.0 geht es darum, vorerst namenlose Interessenten, wie etwa Besucher Ihrer Website, als Leads mit zugehöriger E-Mail-Adresse zu qualifizieren. Je mehr Leads Sie generieren, desto größer ist Ihr zukünftiges Umsatz-Potenzial. Erfahren Sie in diesem Kapitel, wie Sie systematisch Leads sammeln und sich so einen Interessenten-Stock aufbauen.

Lead-Generierung mit Marketing 2.0

Leads sind Interessenten, die sich für die von Ihnen präsentierte Problemlösung interessieren und die Ihnen per E-Mail-Adresse bekannt sind. Das ermöglicht Ihnen, mit Ihren Leads auf einer 1:1-Basis zu kommunizieren.

Der Verkaufstrichter

Wenn wir von Lead-Generierung sprechen, dann haben wir zugleich immer auch den Verkaufstrichter (Sales Funnel) vor Augen. Der Verkaufstrichter beschreibt den Weg von der definierten Zielgruppe bis zum Kunden. Der trichterförmige Verlauf des Akquise-Prozesses steht für einen Aussiebeprozess in vier Stufen.

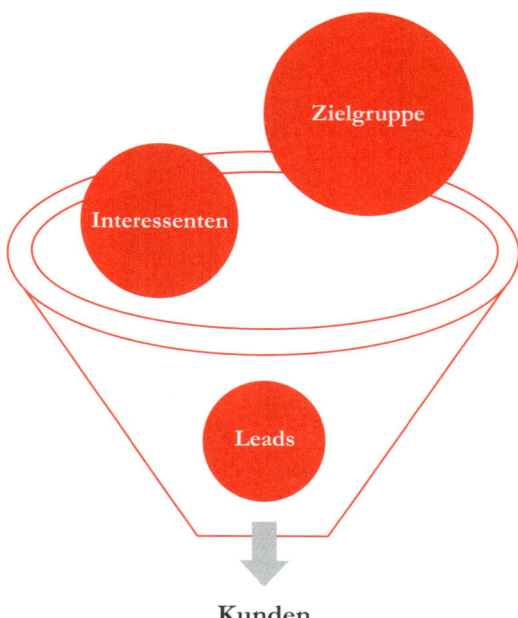

Kunden

Zielgruppe: Ganz oben im Akquise-Prozess steht Ihre definierte Zielgruppe und die Überlegung, wo im Internet diese Zielgruppe zu finden ist. Am einfachsten ist es über Social-Media-Portale, an die Zielgruppe heranzukommen. In diesem Fall sind Aktivitäten von Ihrer Seite erforderlich, damit Sie bemerkt werden. Eine andere Möglichkeit besteht darin, Ihre Zielgruppen auf Ihre Website zu lotsen. Das funktioniert über für die Zielgruppe nützliche Inhalte, über Suchmaschinen-Optimierung und Suchmaschinen-Marketing.

Interessenten: Aufgrund der oben beschriebenen Maßnahmen haben Sie es geschafft, Menschen, die sich für Ihre Problemlösungen interessieren, auf Ihre Website, Ihren Blog oder Ihre Social-Media-Profile zu bringen. Sie haben zwar jetzt einen Besucherstrom an interessierten Internet-Nutzern, aber diese sind immer noch anonym. Um im Internet Geschäfte zu machen, braucht es durchschnittlich sechs bis zwölf Kontakte mit den Interessenten, um ausreichend großes Vertrauen aufzubauen. Wenn ein Interessent sich nun auf Ihrer Website befindet, diese zwar für interessant hält, er im Moment aber nichts braucht, verlässt er diese einfach wieder. Sie können nur darauf hoffen, dass sich dieser Interessent zur rechten Zeit, wenn sein Bedarf aktuell ist, wieder meldet. Meist hat er Ihre Website in der Zwischenzeit schon wieder vergessen.

Leads: Um im richtigen Moment, also wenn der Bedarf aktuell ist, beim Interessenten zu sein, müssen wir mit diesem langfristig in Kontakt bleiben. Das geht aber nur dann, wenn wir den Interessenten identifizieren können. In der Internet-Akquise identifizieren wir unsere Interessenten über deren E-Mail-Adresse. Ein Interessent, von dem wir eine E-Mail-Adresse haben, bezeichnen wir als Lead. Wie Sie an qualifizierten Leads mit E-Mail-Adresse kommen, erfahren Sie in diesem Kapitel.

Der Lead empfindet Ihre Mails nicht als Spam, sondern als erwünschte Nachricht. Schließlich hat er doch selbst sein Interesse an Ihren Problemlösungen geäußert und freiwillig seine E-Mail-Adresse hinterlassen. Auch Freunde und Fans in Facebook, Kontakte in XING, Followers in Twitter, Abonnenten auf YouTube und ähnliche Social-Media-Kontakte zählen zu den Leads. Sie haben sich schließlich als Interessent mit Namen qualifiziert, auch wenn die E-Mail-Kommunikation nur über die jeweilige Social-Media-Plattform abläuft.

Kunden: Die E-Mail-Adresse macht es uns möglich, mit unseren Leads über einen längeren Zeitpunkt in Kontakt zu stehen. Per E-Mail-Marketing begleiten wir unsere Leads auf dem Weg zu Kunden.

Was Ihnen die systematische Lead-Generierung bringt

Viele meiner Webinar-Teilnehmer betreiben zwar Lead-Generierung, häufig beginnen Sie damit aber erst, wenn „der Hut brennt". Das ist natürlich ein denkbar schlechter Zeitpunkt. Wie alle anderen Marketing-Maßnahmen braucht auch Marketing 2.0 eine gewisse Zeit, bis das System eingerichtet ist und läuft. Rechnen Sie mit einer Vorlaufzeit von vier bis sechs Wochen. Ist das Feuer erst einmal gelöscht, denken viele nicht mehr an die Lead-Generierung. Wozu auch, wenn alles prima läuft? – meinen viele. Schon ein paar Monate später brennt wieder der Hut und es folgt eine neue überhastete Marketing-Aktion, wieder als Eintagsfliege. Und so reiht sich eine punktuelle Aktion an die nächste. Das ist auch der Grund, warum Akquise für viele Menschen Stress bedeutet und sie den Eindruck haben, Marketing koste nur viel Geld und bringe nichts.

Wenn Sie sich angesprochen fühlen und Sie aus diesem Szenario ausbrechen wollen, dann müssen Sie ein Marketing-2.0-System aufbauen, das Ihnen kontinuierlich Leads bringt. Wenn Sie mit dem Lead-Aufbau systematisch beginnen, haben Sie schon in drei bis sechs Monaten so viele Leads, dass der Hut erst gar nicht anfängt zu brennen.

• •

DIE LEADS VON HEUTE SIND IHRE KUNDEN VON MORGEN

Sehen Sie Ihre Leads als Ihr Auftragschancen-Potenzial. Je mehr Leads Sie haben und je besser diese zu Ihren Angeboten, Produkten, Inhalten und persönlichem Stil passen, desto größer ist Ihr Potenzial an Kunden und Aufträgen in der nahen Zukunft. Es lohnt sich daher, gezielt und systematisch Leads zu generieren.

Es kommt nicht allein auf die Anzahl an Leads an. Ein wichtiger Faktor ist auch die Qualität. Je kleiner Ihre Zielgruppe ist, desto wichtiger wird der Qualitätsfaktor.

• •

Wie die Lead-Gewinnung funktioniert

Möchten Sie systematisch und kontinuierlich Leads generieren? Dann setzen Sie auf ein bewährtes Vierer-Team: Leadmagnet – Bewerbung in den Social Media – Landing Page – Autoresponder.

1. Leadmagnet

Wecken Sie das Interesse Ihrer Zielgruppe mit einem Leadmagnet. Beliebte Leadmagneten sind z.b. kostenlose E-Books, Checklisten, Videos und Einladungen zu Webinaren. Natürlich sind Ihrer Kreativität keine Grenzen gesetzt. Wichtig: Der Köder muss dem Fisch schmecken und nicht dem Angler. (Erfahren Sie mehr im Unterkapitel „Leadmagnet – Wie Sie mit dem passenden Köder Leads generieren")

2. Bewerbung des Leadmagneten

Ein Leadmagnet ist ein Teaser-Text oder ein grafisch gestalteter Banner, der ein Freebee, also ein kleines Geschenk, bewirbt. Nützen Sie alle Möglichkeiten, einen Leadmagneten zu platzieren, z.B. auf Ihrer Website und Ihren Social-Media-Plattformen. Auch bezahlte Inserate bei Facebook können Ihr Freebee bewerben. Je mehr User Sie in Ihrer Zielgruppe erreichen, desto mehr Leads gewinnen Sie. (Erfahren Sie mehr im Unterkapitel „Leadmagnet – Bewerben Sie Ihr Freebee")

3. Landing Page

E-Mail-Adressen generieren Sie am besten mit einer Landing Page. Um das Freebee zu bekommen, muss der Interessent zunächst auf den Teaser-Text bzw. auf den Banner klicken. Dort gibt es immer entweder einen Text-Link oder einen Button, der zu einem Gratis-Download einlädt. Dieser Button verlinkt zu einer Landing Page. Diese spezielle Ein-Seiten-Homepage ist dafür da, Adressen von Interessenten zu sammeln. Im Austausch gegen seine E-Mail-Adresse erhält der Lead das Freebee. (Erfahren Sie mehr im Unterkapitel „Landing Page – Schaffen Sie die Basis für Ihre Lead-Generierung")

4. Autoresponder

Ein Autoresponder ist eine automatisierte E-Mail, die den neu eingetragenen Lead willkommen heißt. Meist setzt sich ein Autoresponder aus einer Sequenz aus mehreren Einzel-Mails zusammen. (Erfahren Sie mehr im Unterkapitel „Autoresponder – Rufen Sie sich mit automatischen Mails in Erinnerung")

Freebees – Wie Sie mit dem passenden Köder Leads generieren

Starten Sie Ihren Beutezug auf qualifizierte Leads. Was Sie dafür benötigen, ist zunächst ein Freebee, etwa ein gratis E-Book. „Zuerst geben, dann nehmen", ist das Motto. Freebees sind der Köder für eine spätere Kundenbeziehung. Der Deal ist eine Win-win-Situation: Sie bieten dem Kunden ein Geschenk – und erhalten dafür eine qualifizierte E-Mail-Adresse.

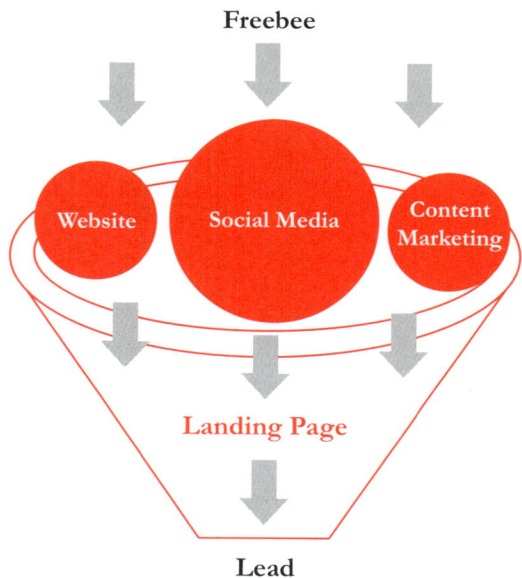

Wie Sie ein wirkungsvolles E-Book selbst erstellen

Der Klassiker unter den Geschenken ist das E-Book. Ein E-Book ist ein Ratgeber in PDF-Form, der dem Lead zum Download bereitgestellt wird. Ein E-Book hat einen Umfang von acht bis 80 Seiten A4.

Möchten Sie sich selbst als Experte auf Ihrem Fachgebiet positionieren? Dann kommen Sie um ein E-Book nicht herum. Ein E-Book ist neben einem gedruckten Buch die beste Möglichkeit, Ihren Experten-Status zu untermauern und die Themenführerschaft auf Ihrem Gebiet zu erlangen. Und vielleicht ist ja das E-Book erst der Anfang. Viele Experten haben mit einem E-Book begonnen, den Stoff dann weiter ausgebaut und daraus ein gedrucktes Buch gemacht. Mit ein bisschen Glück finden Sie auch den passenden Verlag.

Entwickeln Sie das E-Book auf Basis der Probleme Ihrer Zielgruppe und möglicher Lösungen dafür. Diese Broschüre muss dem Leser (Interessenten) echten Nutzen bieten. Sie ist daher nicht mit einer Imagebroschüre zu verwechseln. Das E-Book greift die Probleme der Kunden auf und zeigt Lösungsmöglichkeiten. Das Ziel ist, dass der Leser Sie als Spezialist bzw. Experte für ein bestimmtes Thema wahrnimmt. Der Kunde erkennt, dass Sie der beste Mann/die beste Frau sind, um sein Problem zu lösen. Möchte oder kann der Kunde sein Problem nicht selbst lösen, dann sind Sie die erste Person, die er kontaktiert und an die er dann später mit einem guten Gefühl seinen Umsetzungs-Auftrag vergibt. Ein E-Book hat eine Langzeit-Wirkung. Ist aktuell kein Bedarf an Ihren Leistungen vorhanden, dann hebt der Lead die nützliche Lektüre gerne auf und greift später darauf zurück. So bleiben Sie im Kopf Ihrer Interessenten nachhaltig als Experte gespeichert.

Einen Ratgeber als Geschenk zur Lead-Generierung einzusetzen ist keine Erfindung eines Internet-Gurus. Schon 1980 präsentierte Prof. Siegfried Vögele, der Erfinder der Dialog-Methode, den Ratgeber – damals noch in Papierform – als Wundermittel zur Lead-Generierung. Zu diesem Zeitpunkt verlief die Lead-Gewinnung noch per Brief und Antwortkarte.

In zehn Schritten zu Ihrem eigenen E-Book

1. Wahl des Themas

Überlegen Sie genau, welche Sorgen und Probleme Ihre potenziellen Kunden haben. Das ist die Ausgangsbasis für die Wahl Ihres Themas. Sind Sie in einer Branche tätig, in der es um die Erfüllung eines Wunsches geht (z.B. Reisebüro), dann wählen Sie ein Thema auf der Basis des größten Wunsches. Achtung: Probleme zu lösen hat mehr Macht, als Wünsche zu erfüllen. Sind Sie also nicht gerade in einer klassischen Wunscherfüllungs-Branche tätig, sollten Sie besser ein Problem als Aufhänger suchen.

2. Problemlösung fokussieren

Ausgehend vom Problem Ihrer potenziellen Kunden stellen Sie nun die Lösung dieses Problems in den Mittelpunkt. Achtung: Es geht immer um ein

Thema und eine Problemlösung. Nicht um ein konkretes Produkt! Sie wollen schließlich mit dem E-Book Menschen abholen, die ein Problem haben, das Sie lösen können, und nicht sofort etwas verkaufen. Das funktioniert nicht. Bevor Sie ein konkretes Produkt präsentieren, müssen Sie erst den Bedarf an der Problemlösung wecken. Dafür ist das E-Book da. Sie erreichen die Menschen schon am Anfang des Verkaufsprozesses und können daher an der Bedarfsweckung aktiv mitgestalten, indem Sie die Problemlösung in Ihre Richtung lenken! Der potenzielle Kunde macht sich zu diesem Zeitpunkt noch keine Gedanken über irgendwelche Produkte. Dies folgt erst viel später im Entscheidungsprozess.

3. Titel für Ihr E-Book

Sie haben nun ein konkretes Thema, das Sie im E-Book behandeln, und Lösungsvorschläge, die Sie präsentieren. Jetzt geht es darum, einen Titel für Ihr Werk zu finden. Der Titel muss den Interessenten sofort aktivieren und zu einem Download motivieren. Fassen Sie sich kurz. Lassen Sie eine Erklärung des Titels im Untertitel folgen. Gute Titel sind immer solche, an denen der Leser sofort erkennt, dass es sich bei diesem Ratgeber um eine Lösung für sein Problem handelt.

Beispiele für gute Titel und Untertitel:

→ „Die besten 10 Rezepte für erfolgreiches E-Mail-Marketing – Wie auch Sie innerhalb von nur einer Stunde wirkungsvolle Mailings texten"
→ „Worte, die verkaufen – Wie Sie Ihren Verkaufserfolg durch geschickte Rhetorik um 30 Prozent steigern"
→ „Das 1 x 1 der Suchmaschinen-Optimierung – Wie Sie ganz einfach Ihre Website selbst optimieren und dadurch 10 mal mehr Besucher anlocken"

Achten Sie darauf, dass Ihr Titel konkret und spezifisch ist und die richtigen Köder-Worte enthält. Vermeiden Sie Worthülsen. Jedes Wort Ihres Titels muss ein Bild im Kopf Ihrer Leser wecken. Nur dann motiviert der Titel zu einem Download.

4. Die Struktur

Bevor Sie nun mit dem Verfassen Ihres E-Books beginnen, entwerfen Sie zunächst eine leserfreundliche Struktur. Leser schätzen klare Strukturen:

- → Titelblatt
- → Inhaltsverzeichnis
- → Vorwort
- → Hauptteil
- → Autorenhinweis
- → Promotion in eigener Sache

5. Das Titelblatt

Gestalten Sie das Titelblatt grafisch, aber ohne zu viel Aufwand dafür zu betreiben. Ein E-Book muss auf der einen Seite den Eindruck vermitteln, dass es der Autor selbst gemacht hat (und nicht ein Verlag). Auf der anderen Seite soll es ansprechend aussehen und einen professionellen Eindruck vermitteln. Am besten entsprechen Sie diesem Anspruch, wenn Sie beim Layout für eine bündige Anordnung der einzelnen Elemente sorgen. Halten Sie das Design aber ansonsten schlicht. Denken Sie daran, dass beim Ausdruck des E-Books auf einem herkömmlichen Bürodrucker die Ränder üblicherweise nicht mitgedruckt werden. Lassen Sie also 1,5 cm an den Rändern weiß. Elemente, die auf das Titelblatt gehören:

- → Titel
- → Untertitel
- → Name des Autors
- → Bezeichnung des Autors, z.B. Experte für XY
- → Foto des Autors in Fotografen-Qualität
- → Bild passend zum Thema (am besten von einer Online-Bildagentur)
- → Eventuell Firmenlogo (klein!)

6. Das Inhaltsverzeichnis

Wenn Ihr E-Book acht Seiten im Format A4 übersteigt, stellen Sie ein Inhaltsverzeichnis mit Seitenangaben an den Beginn. Das erleichtert die Übersicht für den Leser.

7. Das Vorwort

In das Vorwort gehört die Motivation des Lesers, sich mit Ihrem Thema zu beschäftigen. Gehen Sie kurz auf die Ausgangssituation (Problemstellung) des Lesers ein und sagen Sie ihm, welche Lösungsmöglichkeiten er im E-Book erfährt. Stellen Sie einen persönlichen Bezug zum Leser her, indem Sie erzählen, worum Sie dieses Thema bewegt und was Ihre Gründe waren, das E-Book zu schreiben.

8. Der Hauptteil

Der Hauptteil umfasst den eigentlichen Inhalt des E-Books. Schreiben Sie aus der Sicht des Lesers. Fühlen Sie sich in die Probleme Ihrer Zielgruppe ein und präsentieren Sie Ihre Lösungsansätze. Um das Lesen zu erleichtern, strukturieren Sie Ihr Werk übersichtlich. Gliedern Sie in Kapitel, Abschnitte und Absätze. Heben Sie diese Gliederungen auch optisch hervor. Wechseln Sie ganze Sätze mit Aufzählungen in Listenform. Bauen Sie Checklisten und Tipp-Sammlungen ein. Diese stechen dem Leser besonders ins Auge.

Verwenden Sie einen aktiven Schreibstil und binden Sie Ihre Leser direkt ein, indem Sie diese mit „Sie" ansprechen. In der Fachsprache sagen wir auch „Dialog-Stil" dazu. In der Kürze liegt die Würze. Schreiben Sie in kurzen Sätzen mit maximal 16 Wörtern. Vermeiden Sie lange, komplizierte Formulierungen und Fachchinesisch. Schachtelsätze sind der Literatur und Politikern vorbehalten und haben in einem E-Book nichts verloren! Gestalten Sie die Absätze lesefreundlich. Ein Gedanke pro Absatz, lautet die Regel. Wenn Sie nach jeweils vier Zeilen einen Umbruch mit Abstand setzen, sieht Ihr E-Book schon auf den ersten Blick nach dem reinsten Lesevergnügen aus.

9. Der Autorenhinweis

An das Ende Ihres E-Books gehört ein Autorenhinweis. Stellen Sie sich Ihren Lesern vor. Schreiben Sie, was Sie beruflich machen und was Sie dafür qualifiziert, das vorliegende E-Book zu verfassen. Weisen Sie auf Auszeichnungen und Erfahrungen hin. Ein paar Worte über Ihre private Seite wecken Sympathie. Platzieren Sie auch an dieser Stelle ein Foto von Ihnen, das Sie von Ihrer besten Seite zeigt.

10. Die Eigenwerbung

Auch Eigenwerbung darf sein. Schließlich wollen die Leser auch wissen, wo Sie die Lösung aus dem E-Book erhalten können. Die Eigenwerbung kommt immer zum Schluss. Neben dem Titelblatt ist die Rückseite Ihres E-Books die wichtigste Seite. Viele Menschen drucken E-Books aus. Liegt das E-Book nun verkehrt auf dem Tisch, ist die Rückseite permanent im Blickfeld. Das ist der prominenteste Platz, um Ihre Eigenwerbung zu platzieren.

Lassen Sie Ihre Eigenwerbung nicht plump aussehen. Gestalten Sie Ihre Promotion in eigener Sache so, dass sie thematisch zum E-Book passt. Und sozusagen die logische Fortsetzung für den Leser darstellt. In der Praxis hat sich ein Gutschein für ein kostenloses Infogespräch mit dem Autor (nämlich mit Ihnen!) als geeigneter Köder etabliert. Die Leser nehmen diese Einladung gerne an. Und Ihnen bietet sich eine 1A-Verkaufschance.

● ●

SO STEIGERN SIE DEN ERFOLG IHRES E-BOOKS

→ Haben Sie unterschiedliche Zielgruppen? Wenn diese Zielgruppen unterschiedliche Probleme haben, heißt das für Sie, dass Sie die Zielgruppen mit unterschiedlichen E-Books ansprechen sollten. In vielen Fällen müssen jedoch nicht völlig verschiedene E-Books verfasst werden. In der Praxis kommen Sie vielfach mit Mutationen aus, die Ihr Thema von unterschiedlichen Seiten beleuchten.

→ Möchten Sie wissen, ob Ihr Titel bei Ihrer Zielgruppe ankommt? Dann machen Sie den Test. Geben Sie Ihrem E-Book drei unterschiedliche Titel. Bewerben Sie Ihr E-Book mit diesen drei Titeln in den für Ihre Zielgruppe relevanten Gruppen bei Facebook oder XING. Am besten im Abstand von einer Woche. Messen Sie die Anzahl an Leads, die Sie mit jedem der Titel gewonnen haben. Der Titel mit den meisten Leads ist der, den Sie in Zukunft ausschließlich verwenden sollten. Alternativ zur Bewerbung in Social Media können Sie auch einen Test per E-Mail machen. Ist Ihr E-Mail-Verteiler groß genug (mindestens 300 Adressen), dann senden Sie an jeweils ein Drittel der Empfänger (mindestens jeweils 100) eine Werbung für je eine Variante des E-Books. Auch hier erkennen Sie an der Anzahl der Leads, welcher Titel am besten funktioniert.

→ Verfassen Sie ein E-Book in mehreren Bänden. Versenden Sie per Autoresponder alle 14 Tage einen Band. Diese Variante ist besonders wirkungsvoll und nachhaltig, weil Sie sich bei Ihren Leads regelmäßig in Erinnerung rufen. Wichtig: Sagen Sie Ihren Leads schon von Anfang an, wie viele Bände sie in den nächsten Wochen erhalten werden. Das weckt zusätzlich Neugierde und die Leads warten schon auf den nächsten Band.

➜ Eine Variante des klassischen E-Books ist das Arbeitsbuch in E-Book-Form. Diese Variante präsentiert dem Leser eine Art von Coaching-Fragen, die er selbst im Arbeitsbuch beantworten kann. Lassen Sie Ihrem E-Book in einem Abstand von circa drei bis zwölf Monaten ein Arbeitsbuch in E-Book-Form folgen. Das gibt Ihren Leads einen neuen Kick. Durch das eigenständige Beantworten der Coaching-Fragen werden dem Leser unbearbeitete Probleme nochmals bewusst. Bauen Sie auch hier wieder eine Promotion in eigener Sache ein. Steigern Sie so nochmals Ihre Anfragen und Verkaufschancen! Das Arbeitsbuch ist eine tolle Variante für bereits bestehende Leads, die schon auf einem gewissen Wissensstand sind.

Der Aufwand lohnt sich

Das Verfassen und Gestalten eines E-Books ist mit zeitlichem Aufwand verbunden. Trotzdem lohnt sich die Mühe. Wenn Sie bereits ein Experte auf Ihrem Gebiet sind, sollte Ihnen das Zusammenstellen der Inhalte einfach von der Hand gehen. Und ins Texten kommen Sie auch schnell hinein. Sind Sie noch kein Experte, werden Sie durch die Arbeit am E-Book einer. Durch die Recherche und das Aufbereiten eines für Sie neuen Themas eignen Sie sich selbst das nötige Fachwissen an, um schon bald als Experte zu reüssieren.

Wie Sie ein wirkungsvolles Freebee selbst erstellen

Ein Geschenk muss nicht immer gleich ein aufwändiges E-Book sein. Möglich ist grundsätzlich jedes Geschenk, das das Interesse Ihrer Zielgruppe weckt. Je nachdem, wie viel Zeit Sie investieren möchten, wählen Sie eines der folgenden Freebee-Formate. Wenn Sie nur wenig Zeit haben und schon bald mit einem Freebee starten möchten, dann wählen Sie eine Checkliste oder eine Tipp-Sammlung. Vielleicht können Sie ja auf Notizen in der Schublade zurückgreifen.

Auch die Umsetzung stellt keine hohen Anforderungen an Design und Layout. Ein gut strukturiertes A4-Blatt mit Angaben zu Ihrer Person, Ihren Kontaktdaten und eventuell Ihrem Firmen-Logo reicht völlig aus.

Beispiele für Freebee-Formate

Checkliste, Tipps, White Paper, Fallstudie, Erfahrungsbericht, Insider Story, Einladung zu einem Webinar, Einladung zu einem Live-Vortrag, Test-Coaching, Video oder kleiner Videokurs zu Ihrem Thema, versendet in E-Mail-Lektionen, Video eines Ihrer letzten Webinare, Gewinnspiele.

Wichtig ist, dass Ihr Freebee nur den Menschen einen Nutzen bietet, denen auch Ihr Angebot einen Nutzen bringt. Nur so ziehen Sie potenzielle Kunden an und filtern „hohle Nüsse" aus.

Die Hemmschwelle, um an dieses Freebee zu gelangen, muss niedrig sein. In der Praxis bewährt haben sich daher nur Freebees, die kostenlos und unverbindlich sind.

Ideen für Freebees

→ **Tipps:** „Wie Sie 200 Leads in 2 Stunden generieren" oder „Die 10 besten Tipps für mehr Besucher auf Ihrer Website"

→ **Checkliste:** „Wie Sie die 7 größten Fehler bei der Haus-Sanierung vermeiden"

→ **Video:** „Wie Sie beim Hausbau das beste Heizsystem finden"

→ **E-Mail-Kurs:** „Lernen Sie in 5 Lektionen, wie Sie Ihren eigenen E-Mail-Verteiler aufbauen"

→ **Download-Miniprogramm:** Gratis – „Stückgewicht-Rechner für Werkstücke aus verschiedenen Metallen"

→ **Einladung zum Live-Vortrag:** „Kunden gewinnen mit E-Mail-Marketing"

→ **Einladung zum Gratis-Webinar:** „Warum Mitarbeiter unterschiedlicher Generationen unterschiedliche Führungsstile brauchen"

→ **Whitepaper** über die aktuellsten Forschungsergebnissen zur Gehirnforschung

→ **Gutschein** für ein kostenloses Expertengespräch zum Thema Preisverhandlungen

→ **Potenzial-Analyse:** „Welches Potenzial hat Ihre Stimme im Verkauf?"

→ **Gratis-Check:** „Wie gut ist Ihr Führungsverhalten in schwierigen Situationen?"

→ **Test:** „Testen Sie Ihren Stress-Level"

Ihre Vorteile:

➜ Ist das Freebee einmal erstellt, ist kein weiterer Zeitaufwand erforderlich.

➜ Ein Freebee kann auch selbst und ohne Kosten erstellt werden.

● ●

DAS FALSCHE FREEBEE BRINGT DIE FALSCHEN LEADS

Ein Seminarhotel wollte Leads generieren. Um möglichst viele Interessenten anzulocken, musste ein zugkräftiges Freebee her – ein Gewinnspiel für einen Kurztrip nach New York.

Dieses Freebee wurde auf der eigenen Website und in Social-Media-Kanälen beworben. Natürlich wollten viele Menschen nach New York fliegen. Die Ausbeute an E-Mail-Adressen war groß. Erfreut startete der Hoteldirektor eine E-Mail-Marketing-Aktion und bewarb darin die neuen Seminar-Angebote. Es waren wirklich lukrative Seminar-Pauschalen bestehend aus Seminarraum plus Nächtigung dabei.

Leider war der Rücklauf dramatisch schlecht. Von den 5.000 generierten E-Mail-Adressen erkundigten sich gerade einmal drei Unternehmen nach der Seminar-Pauschale. Der Hoteldirektor war enttäuscht und fragte sich, warum das Interesse so gering war.

Für mich war der Fall klar. Er hatte einfach die falschen „Interessenten" angesprochen. Die Leads, die generiert wurden, wollten ein Wochenende in New York verbringen und kein Seminar in Wien buchen. Ein Großteil der Adressen entfiel sogar auf Privatpersonen, die niemals Bedarf an Seminar-Räumen haben.

Auf meinen Rat hin erstellte der Hoteldirektor einen kleinen Ratgeber mit dem Titel „Wie kann die Raumatmosphäre dazu beitragen, dass Seminarteilnehmer schneller lernen?". Dieses E-Book erstellte er in Absprache mit einem seiner Kunden, einem Trainer für „Feng Shui".

Wer waren nun die Leads, die mit diesem Ratgeber generiert wurden? Richtig: Es waren Unternehmen, die Seminar-Räume benötigten und Trainer. Also genau jene, die auch für eine Buchung in Frage kommen. Die Ausbeute an E-Mail-Adressen war zwar nun deutlich geringer. Schließlich haben weniger Menschen Interesse an einem Seminarraum als an einer Reise nach New York. Dafür war die Qualität der Adressen aber extrem gut. Das zeigte sich, als mit der nächsten E-Mail-Marketing-Aktion schon die ersten Buchungen eingingen. Klar wollen Unternehmen, die die Vorzüge von Feng Shui im Ratgeber gelesen haben, ihre Seminare auch in solchen Räumen abhalten.

Technische Umsetzung des Downloads

Möchten Sie E-Books, White Papers, Videos, Tests, Programme und Ähnliches auf Ihrer Website zum Download zur Verfügung stellen? Dann gehen Sie wie folgt vor:

→ Sie legen auf Ihrer Website eine Unterseite an.

→ Geben Sie dieser Seite einen anderen Namen als „Download". Damit verhindern Sie, dass diese Seite über die Suchfunktion gefunden wird. Hier ist eine kryptische Seitenbezeichnung wie z.B. „WZYx83d6" durchaus angebracht. Schließlich soll Ihre Download-Seite ja auch nicht in den Suchmaschinen aufscheinen. Die Interessenten sollen zuerst zur Landing Page (diese darf sehr wohl gefunden werden) und dort Ihre E-Mail-Adresse eintragen. Kein Download ohne E-Mail-Adresse!

→ Wichtig ist auch, dass die Download-Seite nicht im Menü aufscheint, z.B. als Menüpunkt „Downloads". Das würde wiederum die Besucher Ihrer Website dazu verleiten, das E-Book gleich direkt – ohne Eintragen ihrer E-Mail-Adresse auf Ihrer Landing Page – herunterzuladen. Natürlich können Sie die Download-Seite auch mit einem Passwort verschlüsseln. Aber das bedeutet nur unnötigen Aufwand. Es reicht völlig aus, wenn die Seite weder über das Menü noch über die Suchfunktion aufrufbar ist.

→ Laden Sie Ihr PDF-Dokument, Video etc. in das Medienverzeichnis bzw. die Mediathek Ihres Content-Management-Systems Ihrer Website.

→ Nun schreiben Sie auf der Download-Seite einen netten Einleitungstext. Dann fügen Sie einen Button oder einen Textlink ein. Verknüpfen Sie diesen Link mit Ihrem PDF-Dokument oder Video aus der Mediathek. Damit haben Sie den Download für Ihre Leads auf der Unterseite hinterlegt.

→ Notieren Sie den Link zu dieser „geheimen" Seite. Den brauchen Sie, wenn Sie später per Autoresponder den Download freigeben.

Beispiele für wirkungsvolle E-Books finden Sie auf:
internet-akquise.tips

Leadmagnet – Bewerben Sie Ihr Freebee

Der Begriff Leadmagnet kommt aus der Sprache des Internet-Marketings. Der Leadmagnet hat die Aufgabe, qualifizierte Interessenten anzuziehen. Klickt der interessierte User auf diesen Leadmagnet, öffnet sich per Link Ihre Landing Page. Die Landing Page ist dazu da, dass sich der Interessent in Ihre Lead-Datenbank einträgt.

Haben Sie Ihr E-Book bzw. anderes Freebee bereits erstellt? Nun geht es darum, dieses zu bewerben. Je besser die Bewerbung, desto mehr Leads können Sie damit gewinnen.

Es gibt zwei Arten von Leadmagneten: Teaser-Texte und Banner.

Teaser-Text

Ein Teaser-Text ist ein Text, der die Neugier der Leser weckt und sie dazu motiviert, mehr zu lesen. Werben Sie mit einem pfiffigen Text für Ihr E-Book oder Freebee. Wichtig ist hier die Reichweite des Mediums in Ihrer Zielgruppe. Je höher desto besser.

Platzieren Sie Teaser-Texte in

➜ Ihren Social-Media-Status-Meldungen
➜ Ihren Social-Media-Gruppenbeiträgen
➜ Ihren bezahlten Facebook-Anzeigen
➜ Ihren E-Mail-Marketing-Aktionen
➜ E-Mail-Marketing-Aktionen von Partnern
➜ Blogbeiträgen
➜ u.s.w.

Ein guter Teaser-Text, der ein nützliches Freebee verspricht, wird auch gerne viral im Internet verbreitet. Wichtig: Vergessen Sie nicht, den Link zu Ihrer Landing Page mit zu posten!

● ●

BEISPIEL FÜR EINEN TEASER-TEXT

GRATIS E-Book „Die Internet-Akquise-Strategie": Kennen Sie die Geheimnisse der Kunden-Akquise übers Internet? Holen Sie sich jetzt mein gratis E-Book „Die Internet-Akquise-Strategie". Entdecken Sie die Vielfalt an Marketing-2.0-Möglichkeiten! Gratis Download (Link zur Landing Page)

● ●

Teaser-Text in Ihrer XING-Status-Meldung und bei Facebook

Die Status-Meldung finden Sie in XING unter dem Menüpunkt „Startseite"
und dem Unterpunkt „Neuigkeiten". Die Status-Meldung ist auf 420 Zeichen mit Leerzeichen begrenzt (ohne den Link). Kopieren Sie den Text in das
Mitteilungsfeld und den Link in das vorgesehene Linkfeld und verbreiten Sie
die Status-Meldung. In gleicher Form können Sie Ihren Teaser-Text in die
Status-Meldung bei Facebook geben.

Teaser-Text in Pay-per-Click-Anzeigen

Teaser-Texte eignen sich grundsätzlich auch für Pay-per-Click bei Google
(Textanzeigen) oder Facebook (Bild-Text-Anzeigen). Pay-per-Click bedeutet,
dass Sie für jeden Klick auf Ihre Anzeige bezahlen. Überlegen Sie daher, wie
viel Ihnen ein neu gewonnener Lead wert ist.

Teaser-Text bei Google AdWords

Die Verlinkung zu Landing Pages, die die alleinige Aufgabe haben, Adressen
zu sammeln, verstößt gegen die aktuellen Bestimmungen von Google
AdWords. Ein Zuwiderhandeln wird mit einem Ausschluss aus Google
AdWords bestraft. Google möchte mit dieser Regel seinem Anspruch nach
wertvollem Content Rechnung tragen. Daher muss für Google AdWords
eine Landing Page ein Mindestmaß an Content bieten und einer „normalen"
Website möglichst ähnlich sehen. Es müssen auch vollständige Bedingungen
für das Angebot sowie ein Impressum vorhanden sein. Erfahren Sie mehr
über Google AdWords in Kapitel 4.

Teaser-Texte bei Facebook Ads

Das Bewerben von Landing Pages ist nur dann gestattet, wenn die vollständi-
gen Angebotsbedingungen und Hinweise zum Datenschutz auf der Landing
Page ersichtlich sind. Darüber hinaus muss definiert sein, auf welche Art und
Weise die Nutzer adressiert werden, wenn sie einen Download in Anspruch
genommen haben (z.B. Telefon, E-Mail). Zulässig ist die folgende Vor-
gehensweise: „Wenn Sie sich registrieren, erhalten Sie weiterführende Informationen zu unseren Angeboten per E-Mail" (Link zu den Datenschutzbe-
stimmungen).

    Die Bestimmungen der Plattformen ändern sich laufend. Gehen Sie daher
besser auf Nummer sicher. Fragen Sie bei der jeweiligen Plattform einen Mit-

arbeiter, der für die Inserate zuständig ist (einen solchen gibt es tatsächlich auch bei den großen Plattformen!). Erfahren Sie mehr über Facebook Ads in Kapitel 6.

Banner

Machen Sie mit einem grafisch gestalteten Banner auf Ihr E-Book bzw. Freebee aufmerksam. Ein Banner besteht meist aus einem Bild mit Text oder einem Kurz-Video. Platzieren Sie Ihr Banner überall dort, wo Ihre Zielgruppe zu finden ist. Je besser der Leadmagnet gestaltet und platziert ist, desto mehr Leads können Sie damit generieren.

Platzieren Sie Ihr Banner z.B. auf:

→ Ihrer Website: am besten als Header-Banner (Kopfleiste) oder im Format 200 x 200 Pixel auf der rechten Spalte Ihrer Website
→ Ihrem Blog
→ Ihrem XING-Profil: am besten in Form von interaktiven Kacheln (siehe Kapitel 6 „Social-Media-Akquise")
→ Ihrer Facebook-Fanpage: am besten in Form eines interaktiven Banners, der sich bei Klick auf das Bild öffnet (siehe Kapitel 6 „Social-Media-Akquise")
→ in Themen-Portalen (z.B. B2B-Portale, Portale für gesunde Ernährung, Hunde etc.) in den klassischen Banner-Formaten
→ in Online-Ausgaben von Tageszeitungen in den klassischen Banner-Formaten
→ auf Partnern-Websites

Viele der aufgezählten Möglichkeiten sind kostenlos. Banner auf Themen-Portalen oder in Online-Zeitungen sind mit Kosten per Klick verbunden.

Landing Page – Schaffen Sie die Basis für Ihre Lead-Generierung

Eine Landing Page ist eine Ein-Seiten-Website. Diese Mini-Page hat kein ablenkendes Navigations-Menü, sondern richtet den Fokus des Lesers ausschließlich auf den Inhalt dieser Seite. Eine Landing Page ist dafür da, E-Mail-Adressen von Interessenten zu sammeln.

So funktioniert eine Landing Page:

1. Perfekte Landung: Ihr potenzieller Kunde hat auf Ihren Leadmagneten geklickt. Dieser ist mit Ihrer Landing Page verlinkt. Er landet nun auf Ihrer Landing Page. Hier erwarten den Interessenten ein verkaufsstarker Text und eine Abbildung eines Freebees. Der Text dient dazu, den Leser zu animieren, Ihr Freebee abzurufen.

2. E-Mail-Adresse eintragen: Will der Interessent das Freebee downloaden, muss er zuvor seine E-Mail-Adresse in ein dafür vorgesehenes Feld eintragen. Die E-Mail-Adresse landet automatisiert in einer Datenbank.

3. Freebee downloaden: Hat der Lead seine E-Mail-Adresse eingetragen, so landet er auf der von Ihnen zuvor eingerichteten Download-Seite auf Ihrer Website. Hier steht das Freebee als Download bereit. Als Dankeschön für seine E-Mail-Adresse kann der Lead nun Ihr Freebee herunterladen.

Es gibt zwei Arten von Landing Pages:

Squeeze Page: Eine Squeeze Page hat das Ziel, möglichst viele E-Mail-Adressen von Leads zu generieren. Der Begriff „Squeeze" stammt aus dem Englischen und bedeutet „auspressen". In diesem Zusammenhang bedeutet es also, E-Mail-Adressen aus den Leads „herauszupressen". Eine Squeeze Page ist aber nicht darauf ausgerichtet, direkt etwas zu verkaufen.

Sales Page: Eine Sales Page hat das Ziel, möglichst viele Besucher in Käufer zu verwandeln. Ein Direkt-Verkauf über eine Landing Page findet vorwiegend dann statt, wenn nur ein Produkt verkauft werden soll und sich ein Webshop nicht lohnt. Bei diesen Produkten handelt sich meist um „Digitale Infoprodukte", also Produkte, die als Download angeboten werden. Beispiele dafür sind kostenpflichtige E-Books, Online-Videokurse, kleine Computerprogramme u.Ä.

Vielleicht sind Sie selbst schon einmal auf eine solche Sales Page gestoßen. Diese Art von Landing Pages gab es ursprünglich in den USA. Als diese Seiten vor ein paar Jahren zu uns in den deutschsprachigen Raum gekommen sind, mussten wir uns erst auf das ungewöhnliche Format einstellen. Diese Seiten sind endlos lang. Am besten, Sie bleiben beim Lesen gleich auf dem Scrollrad Ihrer Maus. Auffällig ist auch, dass diese Seiten nur so von Verkaufs-Rhetorik strotzen. Videos sollen zusätzlich den Verkauf verstärken und sind auf Sales Pages absolutes Pflichtprogramm. Sales Pages haben üblicherweise drei bis zehn Bestell-Buttons, damit auch wirklich jeder weiß, wo er draufdrücken muss, um etwas zu kaufen. Gut gestaltete Sales Pages haben tatsächlich die Macht, hohe Umsätze zu generieren!

Die Verkaufsabsicht ist bei einer Sales Pages auf den ersten Blick zu erkennen. Daher sollten Sie diese niemals über Social-Media-Kanäle bewerben. Das kommt äußerst plump rüber und Sie riskieren dabei einen kräftigen Rüffel seitens Ihrer Kontakte und Fans.

Merken Sie sich daher diese Regel: Im Internet kommt immer das Schenken vor dem Verkauf. Also gehen Sie zuerst mit einer Squeeze Page nach draußen. Sammeln Sie Leads. Schaffen Sie Vertrauen über eine Autoresponder-Sequenz. Erst dann ist ein Lead reif dafür, dass Sie ihn in einer E-Mail-Aktion auf die Sales Page schicken.

Wie Sie Ihre Landing Page selbst erstellen

Legen Sie Ihre Landing Page am besten als eigene freistehende Seite im Internet an. Sie können dafür eine eigene Domain einrichten. Diese Variante hat den Vorteil, dass Sie Ihre Landing Page auch suchmaschinenoptimieren können.

Wenn Sie den Aufwand gering halten möchten, legen Sie Ihre Landing Page in einer All-in-one-Lösung an, wie z.B. mit Lead Motor oder Clever Reach. In diesem Fall lässt sich Ihre Landing Page zwar nicht für die Suchmaschinen optimieren. Fakt ist aber, dass Sie Ihre Landing Page ohnedies gut bewerben müssen. Wie das genau geht, haben wir im vorigen Unterkapitel „Leadmagnet – Bewerben Sie Ihr Freebee" besprochen.

Tipps für die technische Umsetzung

Eine All-in-one-Lösung beinhaltet die wichtigsten Komponenten, die Sie für Marketing 2.0 brauchen:

→ Datenbank zum Eintragen der Leads
→ Landing Page
→ Autoresponder
→ E-Mail-Marketing-System

Mit einem solchen System schlagen Sie vier Fliegen mit einer Klappe. Da es sich um einen All-in-one-Lösung handelt, greifen alle Module dieser Lösung ineinander.

So gehen Sie bei einer All-in-one-Lösung vor

→ Sie legen eine Datenbank an, in die sich Ihre künftigen Leads eintragen sollen.

→ Sie erstellen eine Landing Page. Vorgefertigte Elemente, wie z.B. Textblöcke, Bilderrahmen, Linien etc., bieten auch Anfängern gute Gestaltungsmöglichkeiten. Sie brauchen dafür keine HTML-Kenntnisse!

→ Sobald sich ein Lead in Ihre Datenbank einträgt, erhält dieser die gesetzlich notwendigen Double-opt-in-Autoresponder. Passen Sie diese Texte individuell an Ihre Aktion an. (Mustertexte finden Sie im Unterkapitel „Autoresponder – Rufen Sie sich mit automatischen Mails in Erinnerung".)

→ Neben den Double-opt-in-Autorespondern sollten Sie auch gleich Ihre Marketing-Autoresponder einrichten. Dazu gehen Sie auf „Autoresponder einrichten" und legen einen neuen Autoresponder an. Diesen verknüpfen Sie mit Ihrer Lead-Datenbank. Im Ordner dieses Autoresponders legen Sie nun die gewünschte Anzahl an dazugehörigen Mails an. Wenn z.B. Ihr Autoresponder aus drei Mails bestehen soll, dann müssen Sie für jede davon separat den Text eingeben (Mustertexte finden Sie im Unterkapitel „Autoresponder – Rufen Sie sich mit automatischen Mails in Erinnerung"). Fügen Sie zu jeder Mail hinzu, wie viele Tage nach dem Registrieren des Leads diese Mail versendet werden soll. Testen Sie die Autoresponder-Sequenz an Ihre eigene Adresse und geben Sie dann den Versand frei. Danach läuft alles automatisch.

→ Erstellen Sie auch Ihre E-Mail-Marketing-Kampagnen in diesem System. Gestalten Sie optisch anspruchsvolle Mails ohne Grafik- und Programmierkenntnisse. Ganz einfach per Drag & Drop. Wählen Sie aus, an welchen E-Mail-Verteiler das Mailing versendet werden soll. Zusätzlich zu den generierten Lead-Adressen können Sie eigene Kundenadressen importieren.

Es gibt bereits einige All-in-one-Lösungen auf dem Markt. Ich empfehle Lead Motor (http://lead-motor.com) und Clever Reach (http://www.cleverreach.de). Beide Programme sind made in Germany, bieten einen guten Support und funktionieren sehr ähnlich. Abhängig von der Anzahl der E-Mails, die Sie pro Monat versenden möchten, empfehle ich das eine oder andere Produkt. Clever Reach ist bis 250 E-Mail-Adressen gratis, Lead Motor bietet eine Woche Test für einen Euro. Wer Lead Motor dauerhaft nützen möchte, kann das für 540,- pro Jahr bei einer Flatrate von bis zu 20.000 versendeten E-Mails pro Monat (Stand 12/ 2017). Buchleser erhalten Lead Motor zum Vorzugspreis von 390.– pro Jahr über den Link: https://lead-motor.com/magic-mailings-webinar/. Ein Vergleich der Softwareprodukte befindet sich auf http://www.comstratega.at/technik-tools/. Bei beiden Lösungen gibt es Video-Tutorials mit genauen Gebrauchsanleitungen.

Stellen Sie sich nun die Frage, warum Sie Ihre Landing Page mit einer eigenen Spezial-Lösung einrichten sollen, anstatt einfach eine Unterseite auf Ihrer Website anzulegen? Dafür gibt es zwei gute Gründe:

Auf einer Website lassen sich meist die Menüs nicht ausblenden. Das widerspricht dem Gedanken einer Landing Page. Eine Landing Page soll auf Ihr Thema fokussiert sein und keine ablenkenden Elemente enthalten. Es gibt Plug-ins für Landing Pages, z.B. in Wordpress. Diese blenden zwar das Hauptmenü aus, ein eventuelles Top- bzw. Footer-Menü lässt sich aber nicht ausblenden.

Sinn und Zweck einer Landing Page ist es, Leads zu generieren. Diese Leads müssen automatisch in einer Datenbank erfasst werden und für den nächsten Schritt – ohne weitere manuelle Bearbeitung –, den Autoresponder zur Verfügung stehen. Das funktioniert am einfachsten, wenn der gesamte Prozess in einem System stattfindet. Würden sich die Leads in eine Datenbank eintragen, die auf der Website hinterlegt ist, müssten Sie diese Liste erst manuell in den Autoresponder einspielen.

Welche Inhalte auf eine Landing Page gehören

Header-Balken

Wie der Name „Header" schon sagt, befindet sich dieser Balken ganz oben auf Ihrer Landing Page. Gestalten Sie Ihren Header-Balken in Ihrem individuellen Design. Fügen Sie Ihr Firmenlogo in der linken oberen Ecke dazu. Links oben sehen 90 Prozent der Internet-User zuerst hin. Daher sollte das

Logo auch links und nicht rechts oben zu finden sein. Sind Sie Experte? Dann geben Sie unbedingt ein gutes Bild von sich mit auf den Balken.

Überschrift

Platzieren Sie die Überschrift gleich direkt unter dem Header-Balken. Falls im Balken noch Platz vorhanden ist, können Sie die Überschrift auch alternativ direkt in den Balken setzen.

Beispiel: „Jetzt GRATIS downloaden: Die 25 stärksten Betreffs für Ihre Newsletter – jetzt GRATIS für Sie!"

Einleitung

Wecken Sie das Interesse Ihrer Leads und geben Sie diesen einen guten Grund, das Goodie anzufordern.

Beispiel: „Steigern Sie die Öffnungsraten Ihrer Newsletter um ein Vielfaches! Mit meinen magischen Betreff-Formeln ist das ein Kinderspiel."

Kunden-Nutzen

Motivieren Sie die Leads mit dem Nutzen, der sie erwartet, sobald sie sich registriert haben. Am besten arbeiten Sie mit drei, fünf oder sieben Nutzen-Argumenten.

Beispiel:

„Ihre Vorteile:

→ Mit diesen Betreff-Formeln zwingen Sie Ihre Newsletter-Empfänger, Ihr Mailing zu öffnen! Sie appellieren unmittelbar an die menschliche Neugier. Daran kommt keiner vorbei.

→ Je mehr Empfänger Ihren Newsletter öffnen, desto mehr lesen ihn auch. Und desto mehr Klicks und Antworten erhalten Sie. Das bedeutet unterm Strich mehr neue Kunden. Und mehr Umsatz.

→ Diese magischen Betreff-Worte sind 1000-fach erprobt und wirken immer wieder und wieder."

Hinweis auf Inhalte

Handelt es sich nicht bloß um ein einfaches Goodie wie z.B. eine Checkliste? Dann geben Sie Ihren Leads einen Vorgeschmack auf den Inhalt.

Beispiel:

„Erfahren Sie in meinem E-Book:

➜ Wie Sie mit der …-Methode … einfacher lösen!

➜ Worauf Sie bei … unbedingt achten sollten.

➜ Was Sie bei … keinesfalls vergessen sollten!"

Aufforderung, zu handeln

Legen Sie hier noch eines drauf. Geben Sie den letzten Impuls zur Handlung.

Beispiel: „Freuen Sie sich auf nie gekannte Öffnungsraten und mehr Leser denn je. Überzeugen Sie sich selbst, wie Ihre Öffnungsraten in die Höhe schnellen. Enthüllen auch Sie das Geheimnis magischer Betreff-Zeilen, an denen kein Leser vorbei kommt."

Handlungs-Anweisung

Sagen Sie dem Lead, was er tun soll.

Beispiel: „Tragen Sie Ihre E-Mail-Adresse in das vorgegebene Feld ein und laden Sie meine 25 stärksten Betreff-Formeln herunter. Adaptieren Sie diese für Ihren Newsletter. Und schon geht's los. <FELD FÜR E-MAIL-ADRESSE>"

• •

STEIGERN SIE IHRE EINTRAGE-QUOTE

Möchten Sie Ihre Eintrage-Quote steigern? Dann fragen Sie nur nach der E-Mail-Adresse. Jede weitere Angabe wie z.B. Name, Telefonnummer etc. bedeutet für den Interessenten mehr Arbeit und schreckt ab. Außerdem möchten viele Menschen erst einmal lieber anonym bleiben. Ist später das Vertrauen geweckt, erfahren Sie nähere Angaben zur Person noch früh genug. Sie können auch noch einen kurzen Satz zum Datenschutz hinzufügen, wie z.B. „Bei uns sind Ihre Daten in sicheren Händen. Wir versichern Ihnen, dass wir Ihre E-Mail-Adresse nicht weitergeben."

• •

Handlungs-Button

Mit einem Handlungs-Button erkennt der Leser sofort, wo er den Download anfordern kann.

Beispiel: „GRATIS-DOWNLOAD"

Impressum

Geben Sie unbedingt Ihr Impressum ganz unten dazu. Sie sind von Gesetzes wegen dazu verpflichtet. Folgende Angaben müssen Sie machen:

- → Firmenname
- → Geschäftsführer: Vorname, Nachname
- → Straße, Hausnummer, PLZ, Ort
- → Telefon, E-Mail, Internet
- → Firmenregister Nummer + Registerort, Umsatzsteueridentifikations-nummer (UID)

• •

TIPP

Gehen Sie bei Ihrem Impressum auf Nummer sicher: auf www.eRecht24.de finden Sie einen kostenlosen Impressum-Generator!

• •

Bilder

Fügen Sie Ihrem Text ein Bild von Ihrem E-Book bzw. Goodie bei. Das erhöht die Glaubwürdigkeit und den „Will-haben-Effekt". Sind Sie Experte, dann darf ein Bild von Ihnen nicht fehlen.

Video

Ein Ein-Minuten-Video, in dem Sie dem Zuseher die besten Gründe nennen, warum er sich registrieren soll, schafft einen persönlichen Bezug. Und kann (ist aber nicht immer der Fall!) die Eintragungsquote weiter in die Höhe treiben. Entscheiden Sie selbst, ob Sie ein Video einsetzen.

Rechtssichere Abwicklung

Die Anmeldung bei einem E-Mail-Verteiler ist in den deutschsprachigen Ländern unterschiedlich geregelt.

- → Österreich: Hier ist Single-Opt-In üblich. Der Besucher einer Landing Page meldet sich durch Eingabe seiner E-Mail-Adresse an. Die Anmeldung wird lediglich auf einer Folgeseite der Anmeldeseite bestätigt.
- → Schweiz: In der Schweiz ist Confirmed-Opt-In gebräuchlich. Der Besucher der Landing Page meldet sich durch die Eingabe seiner E-Mail-Ad-

resse an. Die Anmeldung wird einerseits auf einer Folgeseite, andererseits per E-Mail rückbestätigt.

→ Deutschland: In Deutschland gilt das Double-Opt-In-Verfahren. Der Besucher der Landing Page meldet sich mit seiner E-Mail-Adresse an. Danach erhält er eine E-Mail mit einem Bestätigungs-Link. Die Anmeldung gilt erst als abgeschlossen, nachdem der Benutzer den Bestätigungs-Link angeklickt hat. Der Name Double-Opt-In kommt daher, dass der Lead zweimal sein Einverständnis erklären muss. Diese Maßnahme dient vor dem Gesetz dazu, sicherzustellen, dass der Lead die richtige E-Mail-Adresse angegeben hat. Und nicht irrtümlicherweise jemand anderer mit einem Download-Link belästigt wird.

Die meisten All-in-one-Lösungen sind für den deutschen Markt erstellt und bieten daher automatisch Double-Opt-In. Österreicher und Schweizer sind gut beraten, diese Voreinstellung beizubehalten. Da immer die Vorschrift des Landes des Empfängers gilt, müssen deutsche E-Mail-Adressen nach deutschem Recht eingetragen werden. Wenn Sie also nicht nur Anmeldungen aus Österreich bzw. der Schweiz einholen, dann sollten Sie bei der Voreinstellung „Double-Opt-In" bleiben.

Bei deutschen All-in-one-Lösungen sind die Autoresponder zur Einholung der Double-Opt-In Zustimmung schon voreingestellt. Die Bestätigungs-Links werden automatisch generiert. Sie müssen nur noch die vorgegeben Texte an Ihre Inhalte anpassen. Die Double Opt-In-Texte erscheinen auf der Landing Page und werden als E-Mail versendet.

Hat der Lead seine E-Mail-Adresse eingetragen, so öffnet sich auf der Landing Page ein Folgefenster (das erste Fenster der Landing Page war ja die Anmeldeseite). Auf dieser Folgeseite steht, dass der Lead eine Bestätigungs-Mail erhalten wird. In dieser Bestätigungs-Mail befindet sich ein Bestätigungs-Link, den er anklicken muss.

Wenn der Lead diesen Bestätigungs-Link in der E-Mail anklickt, kommt er zu einem dritten Fenster der Landing Page. Hier befindet sich der Download-Link. Zur Erinnerung: Der Download-Link verlinkt zu der Unterseite auf Ihrer Website, wo Sie den Download hinterlegt haben.

In einer zweiten E-Mail erhält er eine Anmeldebestätigung sowie ein zweites Mal den Download-Link.

Opt-In-Bestätigung auf der Folgeseite der Landing Page

„Wir haben Ihnen gerade eine E-Mail geschickt. Bitte bestätigen Sie Ihre E-Mail-Adresse mit einem Klick auf den Link in dieser E-Mail, damit wir Ihnen Ihren Download senden können. (Bitte schauen Sie in Ihr Posteingangsfach und ev. auch in den Spamordner.)"

Autoresponder-E-Mail: Opt-In Bestätigung

„Absendername: Max Mustermann

E-Mail: max.mustermann@muster.at

Betreff: Ihr Gratis-Download – bitte bestätigen Sie Ihre E-Mail-Adresse

Bitte klicken Sie auf den folgenden Link, um Ihre Anmeldung zu bestätigen:

Bitte hier klicken! (dieser Link wird automatisch generiert)

Falls Sie diese E-Mail versehentlich erhalten haben, löschen Sie sie einfach. Sie werden nicht in unseren Verteiler eingetragen, wenn Sie nicht auf den Bestätigungs-Link klicken."

Erfolgsbestätigung plus Download-Link im dritten Fenster der Landing Page

„Ich freue mich, dass Sie sich für mein E-Book interessieren. Hier ist Ihr Download-Link (Link zur Ihrer Website, wo das E-Book hinterlegt ist). Ich wünsche Ihnen viel Spaß beim Leser und viel Erfolg bei <Ihr Thema>."

Autoresponder-E-Mail: Erfolgsbestätigung plus Download-Link

„Absendername: Max Mustermann

E-Mail: max.mustermann@muster.at

Betreff: Ihr Gratis-Download für das E-Book

Ihre Bestätigung war erfolgreich.

Ich freue mich, dass Sie sich für mein E-Book interessieren. Hier ist Ihr Download-Link (Link zur Ihrer Website, wo des E-Book hinterlegt ist). Ich wünsche Ihnen viel Spaß beim Lesen und viel Erfolg bei <Ihr Thema>."

Beispiele für gute Landing Pages finden Sie auf: internet-akquise.tips

Autoresponder – Rufen Sie sich mit automatischen Mails in Erinnerung

Ein Autoresponder ist eine automatisiert versendete Mail. Der Versand wird gestartet, sobald sich ein Lead über die Landing Page in Ihren E-Mail-Verteiler einträgt. Der Autoresponder ist der Beginn und die Aufwärmphase einer guten Beziehung mit dem Lead.

Eine Autoresponder-Sequenz wird in einer dafür geeigneten Autoresponder-Software oder besser mit einer All-in-one-Lösung angelegt (erfahren Sie mehr im Unterkapitel „Landing Page – Schaffen Sie die Basis für Ihre Lead-Generierung"). Diese versendet die einzelnen Mails vollautomatisch und immer zum richtigen Zeitpunkt.

Die automatischen E-Mails betreffen zuerst den Double-Opt-In und Download-Vorgang. Hier sollte aber noch lange nicht Schluss sein! Nutzen Sie diese Möglichkeit auch für eine Sequenz an Folge-Mails, um sich und Ihr E-Book bzw. Goodie beim Empfänger in Erinnerung zu rufen. Eine Autoresponder-Sequenz besteht meist aus drei bis zehn „Aufwärm-Mails" im Zeitraum von zehn bis 30 Tagen, nachdem sich der Lead in den E-Mail-Verteiler eingetragen hat.

Lassen Sie darauf regelmäßige Akquise-Mailings folgen. So begleiten Sie Ihren Lead beim Heranreifen zum Kunden. Da Sie dem Empfänger schon bekannt sind und er weiß, dass Sie spannende Informationen liefern, empfindet er Ihre Mails auch nicht als lästigen Spam, sondern als wertvolle und erwünschte News. Wichtig: Die Autoresponder-Mails müssen dem Lead einen echten Nutzen bringen.

Wie Sie Ihre Autoresponder-Sequenz aufbauen

Sofort: Der Lead erhält eine Opt-In-Aufforderung, das heißt, er muss seine E-Mail-Adresse bestätigen. Dieser Autoresponder ist üblicherweise mit der Landing Page verbunden und wird im Rahmen der Einrichtung der Landing Page angelegt.

Sofort nach der Bestätigung des Opt-In: Der Lead erhält den Download-Link. Auch dieser Autoresponder ist üblicherweise mit der Landing Page verbunden und wird im Rahmen der Einrichtung der Landing Page angelegt.

Tag 1 nach dem Versand des Download-Links: Der Lead erhält eine Dankes-Mail für das Anfordern des E-Books bzw. Goodies. Sie fragen nach, ob der Download des E-Books bzw. Goodies geklappt hat. Diese Mail ist die erste Mail des Marketing-Autoresponder. Sie müssen diese extra in der Autoresponder-Software anlegen.

Tag 3: Sie fragen beim Lead nach, ob dieser schon Zeit hatte, sich das E-Book bzw. Goodie anzusehen. Diese Mail ist die zweite Mail des Marketing-Autoresponder. Sie müssen diese extra in der Autoresponder-Software anlegen.

Tag 8: Sie geben dem Lead den Hinweis auf einen wichtigen Punkt im E-Book bzw. Goodie. Sie fragen nach, ob der Leser diesen Punkt schon entdeckt hat. Diese Mail ist die dritte Mail des Marketing-Autoresponder. Sie müssen diese extra in der Autoresponder-Software anlegen.

Tag 14: Sie fragen nach, ob der Lead Fragen zum Einsatz der Tipps aus dem E-Book bzw. Goodie hat. Sie bieten Ihre Hilfe per E-Mail bzw. Telefon an. Diese Mail ist die vierte Mail des Marketing-Autoresponder. Sie müssen diese extra in der Autoresponder-Software anlegen.

Tag: 21: Sie fragen nach, ob der Lead schon Tipps aus dem E-Book bzw. Goodie umgesetzt hat. Wieder bieten Sie Ihre Unterstützung an. Diesmal bei der Umsetzung. Diese Unterstützung können Sie direkt in ein Verkaufsgespräch umwandeln! Diese Mail ist die fünfte Mail des Marketing-Autoresponder. Sie müssen diese extra in der Autoresponder-Software anlegen.

Tag 28: Sie laden den Lead nun explizit zu einem persönlichen Info-Gespräch vor Ort, per Telefon oder online. In diesem Gespräch haben Sie wieder die Chance, zu verkaufen! Diese Mail ist die sechste Mail des Marketing-Autoresponder. Sie müssen diese extra in der Autoresponder-Software anlegen.

Nun kommt der Lead auf die „normale" Mailing-Liste und wird gemeinsam mit allen anderen Leads mittels regelmäßiger Akquise-Mailings im üblichen Mailing-Intervall betreut. Der Lead reift langsam zum Kunden.

MUSTERTEXTE FÜR EINE SEQUENZ VON MARKETING-AUTO-RESPONDERN

1. Autoresponder-E-Mail
Versand: ein Tag nach der Registrierung

<u>Betreff:</u> Hat der Download meines E-Books funktioniert?

Ihr GRATIS E-BOOK DOWNLOAD

Hallo, liebe Marketing-Freunde,

Sie haben gestern den Download-Link meines GRATIS E-Books „Die Internet-Akquise-Strategie" angefordert. Haben Sie den Link erhalten? Hat der Download funktioniert?

Viel Spaß beim Lesen und viel Erfolg wünscht

Margit Moravek

Sie haben keinen Link erhalten? <u>Download-Link</u>

Haben Sie Fragen? Kontaktieren Sie mich: <Meine Kontaktdaten>

2. Autoresponder-E-Mail
Versand: vier Tage nach der Registrierung

<u>Betreff:</u> Gratis Webinare zum E-Book „Die Internet-Akquise-Strategie"

Einladung zu meiner GRATIS-Webinar-Reihe zu meinem E-Book

Hallo, liebe Marketing-Freunde,

haben Sie schon Zeit gefunden, mein Gratis-E-Book „Die Internet-Akquise-Strategie" durchzublättern? Haben Sie das Kapitel „Wie Marketing 2.0 funktioniert" gelesen? Wann setzen Sie Marketing 2.0 in Ihrem Unternehmen um?

Wenn Sie noch mehr über dieses Thema wissen wollen, dann besuchen Sie meine GRATIS-Webinare!

Herzlichst

Margit Moravek

Lassen Sie sich das nicht entgehen: GRATIS Webinare rund um die Internet-Akquise

→ Internet-Akquise: Das 1 x 1 der Kunden-Akquise übers Internet
→ Akquise per Webinar: Wie Sie an 100 Interessenten auf einen Streich verkaufen
→ Akquise-Websites: Wie Sie Ihre Website zu Ihrem Top-Verkäufer machen
→ Magic Mailings: Ein Mailing-Profi öffnet seinen Zauberkasten

<u>Infos und Anmeldung</u> (Link zum Webinar-Kalender)

Haben Sie noch Fragen?

Kontaktieren Sie mich: ‹Meine Kontaktdaten›

3. Autoresponder-E-Mail
Versand: acht Tage nach der Registrierung

Betreff: Ihr Gutschein: jetzt einlösen

Gutschein für ein kostenloses Info-Gespräch

Hallo, liebe Marketing-Freunde,

wie hat Ihnen mein E-Book „Die Internet-Akquise-Strategie" gefallen? Haben Sie sich schon mit der Marketing-2.0-Strategie auseinandergesetzt? Möchten Sie wissen, wie auch Sie in Ihrem Unternehmen mehr Kunden übers Internet gewinnen?

Ihr GESCHENK für Sie als Leser/in meines E-Books: Haben Sie schon gesehen, dass sich auf dem Buchrücken Ihres E-Books ein Gutschein für ein GRATIS Info-Gespräch befindet? Vereinbaren Sie gleich jetzt Ihren Termin!

→ 20 Minuten am Telefon
→ Kostenlos & unverbindlich

Info & Terminvereinbarung (Link zu Kontaktformular)

Herzlichst

Margit Moravek

Haben Sie noch Fragen?

Kontaktieren Sie mich: ‹Meine Kontaktdaten›

● ●

Video-Marketing – Appellieren Sie an die Emotionen Ihrer Interessenten

Videos haben in den letzten Jahren immer mehr Einzug in Websites und Landing Pages gehalten. Der Grund dafür ist klar: Videos sprechen die beiden Sinne Sehen und Hören gleichzeitig an. Für viele Betrachter ist es einfacher und bequemer, ein Ein-Minuten-Video anzusehen, als einen Text zu lesen.

Was Video-Marketing bringt:

Höhere Aufmerksamkeit: Videos kommunizieren auf mehreren Kanälen: bewegte Bilder, Stimme, Musik, Texte, Info-Grafiken, Call-to-Action-Links u.v.m. Kombinieren Sie diese Kanäle geschickt. Damit erhöhen Sie die Aufmerksamkeit und Merkfähigkeit Ihrer Zuseher.

Punkten bei Sympathie und Vertrauen: Was sehen Menschen am liebsten? Andere Menschen! Nichts fördert die eigene Identifikation mit einem Thema oder Angebot mehr, als wenn eine sympathische Person dieses mit Begeisterung präsentiert. Die Spiegelneuronen sorgen dafür, dass wir auch begeistert sind, sogar aus der Distanz. In puncto Sympathie, Glaubwürdigkeit und Leidenschaft sind Videos auch guten Werbetexten weitaus überlegen.

Meist höhere Eintragungsquote in Ihren E-Mail-Verteiler: Aus den beiden oben genannten Gründen sind Videos ein zusätzlicher Verstärker auf Squeeze Pages.

Höhere Verkaufsquoten bei Webshops: Geht es in Ihrem Webshop um komplexe Produkte, die erklärt werden müssen und bei denen Glaubwürdigkeit und Vertrauen ganz wichtig sind? Dann nutzen Sie Videos als großen Hebel im Verkauf. Besonders bei Online-, Finanz- und Versicherungsprodukten sind Verkaufsvideos das Mittel erster Wahl.

Virale Verbreitung: Neben Fotos haben Videos das größte Potenzial im Hinblick auf die virale Verbreitung auf Video-Plattformen und in Social-Media-Kanälen. Menschen teilen gerne nützliche, spannende unterhaltsame Videos.

Mehr Besucher auf der eigenen Website: Nützen Sie die virale Verbreitung für mehr Traffic, das heißt mehr Besucher, auf Ihrer Website. Wichtig: Wenn Sie Ihre Videos bei YouTube, Facebook oder anderen Social-Media-Plattformen hochladen, denken Sie unbedingt daran, diese zu Ihrer Website zu verlinken!

Besseres Ranking bei Google & Co.: Je mehr Besucher Sie von YouTube, Vimeo, Facebook und andern Social-Media-Plattformen auf Ihre Website lenken, als desto interessanter stufen die Suchmaschinen Ihre Website ein. Das bedeutet, Ihre Website steigt im Ranking. Das Ergebnis: Sie erscheint bei den Suchanfragen immer weiter vorne. (Erfahren Sie mehr in Kapitel 4 „Suchmaschinen-Optimierung und Suchmaschinen-Marketing")

Wie Sie Videos einsetzen

Setzen Sie Videos ganz gezielt auf Ihrer Landing Page, Ihrer Website und Ihren Social-Media-Plattformen ein.

Video auf Ihrer Squeeze Page

Bei einer Squeeze Page erhöht ein Ein-Minuten-Video meist (aber nicht immer!) die Eintragungsquote in Ihren Lead-Verteiler. Im Video sprechen Sie die Interessenten persönlich an, präsentieren ihnen den Nutzen Ihres E-Books bzw. Goodies und schaffen zusätzliches Vertrauen.

Video auf Ihrer Sales Page

Bei einer Sales Page geht heute gar nichts mehr ohne Video. Hier darf das Video auch etwas länger sein. Manchmal braucht es schon bis zu zehn Minuten Videolänge, um einen Interessenten zum Kauf zu bewegen. Geht es um erklärungsbedürftige Produkte oder Dienstleistungen? Dann darf das Video sogar noch länger sein. Insbesondere, wenn Sie damit ein ausgewähltes Fachpublikum ansprechen. Doch auch Fachleute sind nur Menschen, die unter Zeitdruck stehen. Teilen Sie daher Videos, die länger als 20 Minuten sind, besser in zwei Videos zu je 15 Minuten.

Bei der Sales Page übernimmt das Video die Rolle des persönlichen Verkäufers, der dem Kunden das Angebot von allen Seiten näherbringt. Das Video nimmt latente Einwände vorweg und motiviert den Kunden zu einem Kauf. Bei physischen Produkten demonstriert der Präsentator natürlich auch gleich die komplette Funktionsweise.

Video auf Ihrer Website

Auf Ihrer Website sorgt ein Video dafür, dass Ihr Internet-Auftritt persönlicher und authentischer wird. Das hinterlässt positive Emotionen, die gerade in einem Pre-Sales-Stadium für zusätzliche Vertrauens-Pluspunkte sorgen.

Ein Video erhöht die Verweildauer auf Ihrer Website um durchschnittlich zwei Minuten. Der Grund: Viele Besucher schauen sich lieber ein zwei Minuten langes Video an, als zwei Minuten lang einen Text zu lesen. Ist das Video spannend, so klickt der Besucher auch auf weitere Inhalte Ihrer Website.

Videos sind die Lieblinge der Suchmaschinen. Video-Content wird von Google & Co. häufig relativ schnell gut gerankt. Das wirkt sich auch positiv auf das Ranking der Website aus.

Video auf Ihren Social-Media-Plattformen

Videos sind ein gutes Instrument, um Ihre Reichweite zu erhöhen. Stellen Sie Ihre Videos nicht nur auf Ihre eigene Website und Landing Page. Laden Sie Ihre Videos bei Videoportalen wie z.B. YouTube und Vimeo hoch. Ebenso gehört Ihr Video auf Ihre sozialen Plattformen. Ist das Video gut, profitieren Sie sogar von einem viralen Effekt.

In jedem Fall sollte Ihr Video zurück auf Ihre Website verlinken. So bringen Sie Traffic (= Besucherströme) auf Ihre Website. Sofern dort ein attraktiver Leadmagnet die Neuankömmlinge begrüßt, generieren Sie schon bald jede Menge neuer Leads.

Story und Script: die Basis jedes Verkaufs-Videos

Möchten Sie sich nicht nur einfach selbst vorstellen und Ihr Angebot präsentieren, sondern mit Ihrem Video bei den Zusehern etwas erreichen? Zum Beispiel das Eintragen der E-Mail-Adresse in Ihren Verteiler, eine Bestellung in Ihrem Webshop, eine konkrete Anfrage für ein Angebot oder auch „nur" die virale Verbreitung Ihres Videos im Internet? Dann brauchen Sie ein schriftliches Konzept, in der Filmbranche „Script" genannt. Ein Script ist ein Leitfaden, in dem die wichtigsten inhaltlichen Eckpunkte Ihres Videos enthalten sind. Das Script baut auf Ihrer Story auf.

Ideen für verkaufsstarke Storys

Script-Muster 1: „Brennendes Kundenproblem – Ihre Lösung – empfohlene erste Maßnahmen". Diese Story ist der absolute Klassiker und lässt sich für fast alle Angebote nützen:

→ „Kennen Sie diese Situation (dieses Problem) …?"
→ „Bestimmt haben Sie schon … probiert, was aber nichts gebracht hat."
→ „Dafür gibt es eine wirkungsvolle Lösung …"
→ „Diese Lösung funktioniert so …"
→ „Ihre Vorteile dabei sind …"
→ „Ich empfehle, Sie starten wie folgt …"

Script-Muster 2: „Meine Erfolgsgeschichte". Möchten Sie besondere Sympathie für Ihre Person wecken, dann erzählen Sie die Story vom anfänglichen Scheitern und späteren Erfolg. Diese Story ist auch gut geeignet, wenn Sie

Angebote präsentieren, die für den Zuseher zunächst unglaublich erscheinen, Sie aber damit wirklich erfolgreich sind. Statt der eigenen Geschichte können Sie natürlich auch von einem Freund oder Kunden erzählen. Mehr Gewicht hat jedoch die eigene Story:

→ „Ich war auch in dieser Situation."
→ „Ich versuchte …"
→ „Damit scheiterte ich."
→ „Dann habe ich … entwickelt und getestet."
→ „Damit wurde ich erfolgreich."

Script-Muster 3: „Allgemeine Meinung – Widerlegung dieser Meinung". Diese Story ist ideal, wenn latente negative Vorbehalte gegenüber Ihrem Angebot dominieren.

→ „Falsch ist …"
→ „Richtig ist …"
→ „Daher sollten Sie …"

Script-Muster 4: „Die fünf besten Tipps bzw. Strategien für …" Diese Story ist ideal für ein Ein-Minuten-Video und lässt sich für fast alle Angebote nützen.

→ „Das ist das Problem."
→ „Dafür gibt es diesen Tipp bzw. diese Strategie …"

Script-Muster 5: „Wie Sie die fünf schlimmsten Fehler bei … vermeiden" Auch diese Story ist ideal für ein Ein-Minuten-Video und lässt sich für fast alle Angebote nützen.

→ „Das ist der Fehler …, der auftritt, weil …"
→ „Mit … können Sie diesen Fehler vermeiden."

So bauen Sie Ihr eigenes Script auf

Haben Sie sich für ein Story-Muster entschieden? Dann erstellen Sie nun ein verkaufsstarkes Script.

Geben Sie Ihrem Video einen Titel, der Interesse weckt. Der Titel darf ruhig etwas provokativ sein, damit er die Aufmerksamkeit Ihrer Zuseher gewinnt. Aus dem Script-Muster lässt sich sehr leicht ein passender Titel ableiten. Beispiel-Titel: „Wie Sie in nur zwei Stunden 200 Leads generieren".

Beginnen Sie mit einer kurzen Selbstvorstellung nach dem Muster: „Mein Name ist …, ich bin …, ich helfe anderen (hier Zielgruppe einsetzen) … zu erreichen, damit sie … (Kundennutzen einsetzen)."

Präsentieren Sie Ihr Versprechen: „In diesem Video erfahren Sie, wie Sie … erreichen."

Stellen Sie das Kernproblem Ihrer Zielgruppe in den Vordergrund: „Ich höre immer wieder von meinen Kunden, dass es für sie schwer ist … Der Grund liegt meistens darin, dass …"

Bringen Sie nun ein Aha-Erlebnis, am besten in Form einer kurzen Erfahrungs-Story: „… ist möglich. Ich habe das selbst erlebt bei Kunde …, der … in nur … Tagen erreicht hat."

Zeigen Sie die Lösung auf: „Möchten Sie wissen, wie Kunde XY und viele andere Kunden … gelöst haben? Die Lösung funktioniert wie folgt …"

Präsentieren Sie kurz Ihr Angebot. Machen Sie das Angebot mit einem Bonus attraktiv. Der Bonus kann ein kleines Geschenk sein, aber auch ein Rabatt. In jedem Fall muss der Bonus zeitlich limitiert sein.

Geben Sie eine klare Handlungsempfehlung. Sagen Sie Ihren Zusehern klipp und klar, was sie jetzt zu tun haben.

• •

TIPPS FÜR VERKAUFSSTARKE VIDEOS

→ Video als Appetithäppchen für mehr: Verwirren Sie Ihre Zuseher in einem Video nicht mit zu vielen Inhalten. Am besten wählen Sie pro Video nur ein Thema bzw. Angebot. Haben Sie mehrere Themen bzw. Angebote? Dann machen Sie daraus mehrere Videos.

→ In der Kürze liegt die Würze: Reduzieren Sie Ihre Botschaft auf wenige Kernaussagen, die thematisch zusammenhängen.

→ Komplexes einfach darstellen: Möchten Sie komplexe Sachverhalte möglichst einfach präsentieren? Dann nutzen Sie gut gemachte Info-Grafiken zur Visualisierung. Fügen Sie diese Ihrem Video im Zuge der Nachbearbeitung in einem Schnittprogramm hinzu.

→ Per Video zum anerkannten Experten: Schenken Sie Ihren Zusehern echten Nutzen statt hohler Phrasen. Etablieren Sie sich als Problemlösungs-Experte auf Ihrem Fachgebiet. Nützliche Videos erreichen hohe Klickraten im Internet.

Lassen Sie sich von Ihren Interessenten weiterempfehlen. Mit jedem Klick auf „Teilen" verbreitet sich Ihr Video viral in den Social-Media-Kanälen.

→ Inszenieren Sie sich selbst als Medium: Gerade für Experten ist es wichtig, dass sie selbst mit Bild und Stimme auf Video erscheinen. Neben Gesicht und Mimik hat die Stimme den größten Effekt auf die Emotionen der Zuseher. Sie vermittelt Sympathie und Glaubwürdigkeit. Da Videos heute keine Eintagsfliege mehr sein sollten, lohnt es sich, die eigene Stimme zu trainieren. Es geht hier aber nicht allein um die richtige Wortwahl und eine klare Aussprache. Was unbedingt rüberkommen muss, sind Authentizität und Leidenschaft. Dominiert noch das Lampenfieber die eigenen Emotionen, fällt es schwer, Begeisterung zu demonstrieren.

→ Lassen Sie zufriedene Kunden für Sie sprechen: Was ist glaubwürdiger als das, was Sie selbst über sich erzählen? Das, was andere über Sie sagen. Bauen Sie daher Aussagen von zufriedenen Kunden in Ihr Video ein. Das kann entweder ein gefilmtes Kunden-Statement sein, aber auch ein Interview oder eine Szene aus Ihrer Arbeit mit einem Kunden.

Arten von Videos

Es gibt zwei Arten von Videos, das Live-Video und das Screencast-Video.

Live-Video

Bei einem Live-Video sprechen Sie selbst in die Videokamera oder lassen einen Sprecher für Sie sprechen. Obwohl die Aufnahmequalität nicht unbedingt hochprofessionell sein muss, so müssen zumindest die Beleuchtung und der Hintergrund passen. Und allzu viel Lampenfieber vor der Kamera sollten Sie auch nicht haben.

Für ein Live-Video benötigen Sie:

→ eine einfache Videokamera oder eine gute Smartphone-Kamera

→ ein Stativ

→ zwei Softboxen (wandeln helles, kontrastreiches Licht in weiches Licht um) für eine Beleuchtung ohne Schatten

→ ein externes Mikrofon, wenn das in der Kamera eingebaute Mikro zu schwach ist

→ einen neutralen Hintergrund

→ ein Videoschnitt-Programm: Unter diesem Begriff finden Sie eine große Auswahl an Programmen im Internet. Einige davon gibt es sogar kostenlos. Eines der besten Amateur-Programme ist Magix (www.magix.com).

So produzieren Sie Ihre eigenen Videos

Sie setzen die Videokamera auf ein Stativ und überprüfen, ob die Ausleuchtung passt, das heißt, keine Schatten auf Ihr Gesicht fallen. Wenn Sie vorhaben, regelmäßig Videos aufzunehmen, lohnt sich die Investition in Softboxen (circa 50 Euro).

Platzieren Sie sich vor der Kamera. Am besten, Sie stellen sich vor einen neutralen weißen oder grauen Hintergrund. Wenn Sie keine geeignete Wand in Ihrem Büro oder Ihrer Wohnung haben, können Sie auch in einen professionellen Fotohintergrund investieren. Dieser hat die notwendige Breite und Höhe, so dass Sie auch im Stehen und mit ausgebreiteten Armen vor dem Hintergrund Platz haben.

Starten Sie nun die Kamera und machen einen Licht- und Ton-Check.

Wenn alles passt, sprechen Sie in Anlehnung an Ihr Skript. Es wirkt auf den Betrachter authentischer, wenn Sie frei sprechen, als wenn Sie Ihren Text von einer Tafel oder einem Teleprompter ablesen. Haben Sie sich versprochen? Dann machen Sie drei Sekunden Pause und wiederholen die Passage. Die Pause benötigen Sie später als Trennlinie, wenn Sie Ihr Video schneiden.

Wenn Sie mit Ihrer Präsentation fertig sind, beenden Sie die Aufnahme und laden Sie diese in Ihre Videoschnitt-Software. Sie befinden sich nun im Bearbeitungsmodus. Hier können Sie mit einem einfachen Schieberegler unerwünschte Sequenzen herausschneiden (die Pausen dienen als saubere Schnittkanten). Die verbleibenden Teile schieben Sie mit dem Schieberegler zusammen. Möchten Sie Links in Ihr Video einbauen? Dann nutzen Sie dafür die Funktion „Call Out".

Drücken Sie auf Abspielen und überprüfen Sie Ihr Video. Bearbeiten Sie Ihr Video so lange, bis Sie zufrieden sind.

Wenn Sie Lust haben, können Sie auf einer eigens dafür vorgesehenen Tonspur eine Hintergrundmusik einfügen. Lizenzfreie Hintergrundmusik finden Sie im Internet. Achten Sie darauf, dass die Musik auch wirklich nur im Hintergrund zu hören ist und nicht Ihre Stimme übertönt. Die Lautstärke der Musik lässt sich ganz einfach regeln.

Nachdem Sie Ihr Video nochmals überprüft haben, klicken Sie auf „Fertigstellen". Fertigstellen bedeutet, dass das Video für die von Ihnen gewünschte Größe gerendert wird. Wählen Sie aus verschiedenen vorgegebenen Größen wie z.B. „YouTube", „Website" oder „HD". Beim Rendern passieren im Hintergrund Bildberechnungsprozesse. Dieser Vorgang kann einige Minuten – je nach Länge Ihres Videos – dauern.

Ist Ihr Video fertig? Dann laden Sie es auf Ihre Website, Landing Page oder in YouTube hoch.

● ●

OPTIMIEREN SIE IHRE VIDEOS FÜR SUCHMASCHINEN

Nutzen Sie beim Einstellen Ihrer Videos auf YouTube und Vimeo unbedingt Ihre wichtigsten Suchwörter. Lassen Sie diese in Überschriften, Subüberschriften, Beschreibungen, Keywords und Tags einfließen. Vergessen Sie keinesfalls, einen Link zu Ihrer Website zu setzen!

● ●

Screencast-Video

Wenn Sie keine Lust auf „Little Hollywood" haben oder es vielleicht an der Ausrüstung mangelt, gibt es eine gute Alternative. Sie gestalten eine animierte PowerPoint-Präsentation und sprechen zu den einzelnen Folien. Ein spezielles Computerprogramm (Screencast Software) filmt Ihren Bildschirm ab und nimmt den Ton über ein Mikro auf. Fertig ist Ihr PowerPoint-Video. Ein großer Vorteil gegenüber dem Live-Video ist, dass Sie hierfür weder vorher zum Friseur müssen noch der Hintergrund aufgeräumt sein muss.

Für ein animiertes PowerPoint-Video benötigen Sie eine Screencast Software. Googlen Sie einfach nach „Screencast Software". Wenn Sie das Wort „gratis" noch dazu setzen, dann finden Sie jede Menge Gratis-Lösungen. Mein persönlicher Favorit ist Camtasia Studio: www.techsmith.de/download/camtasia. Testen Sie einen Monat Camtasia Studio gratis!

So produzieren Sie Videos mit Screencast Software

Erstellen Sie eine PowerPoint-Präsentation. Bauen Sie dabei unbedingt Animationen ein.

Laden Sie die Screencast Software aus dem Internet herunter und installieren Sie das Programm auf Ihrem Computer. Öffnen Sie das Programm und gehen auf „Präsentation filmen".

Gehen Sie nun auf Ihre PowerPoint-Präsentation und drücken den Aufnahmeknopf.

Präsentieren Sie Ihre Folien und sprechen Sie dazu. Haben Sie sich versprochen? Dann machen Sie drei Sekunden Pause und wiederholen die Folie. Die Pause benötigen Sie später, wenn Sie Ihr Video schneiden.

Wenn Sie mit Ihrer Präsentation fertig sind, beenden Sie die Aufzeichnung. Das Programm lädt nun Ihre Aufnahme in den Bearbeitungsmodus. Alle weiteren Schritte entsprechen dem Vorgehen beim Live-Video (siehe oben).

• •

ERKLÄRUNGS-VIDEOS

In der letzten Zeit finden sich immer häufiger Erklärungs-Videos auf Websites, die komplizierte Themen mit gezeichneten Figuren und Symbolen erklären. Zur eigenen Stimme bewegt eine imaginäre Hand diese Männchen, Sprechblasen und skizzierten Produkte. Auch dafür gibt es eigene Computerprogramme. Unter „Erklärungs-Video Software" finden Sie im Internet die passenden Programme. Die bekannteste Software dafür heißt Video Scribe. In einer einmonatigen Testversion sind bereits einige vorskizzierte Figuren und Symbole enthalten. www.videoscribe.co

• •

Kapitel 3:

Akquise-Websites

Laut Aussage der Teilnehmer meiner Webinare verkaufen 90 bis 95 Prozent der Websites gar nicht oder deutlich zu wenig. Schade. Eine Website kann deutlich mehr, als bloß eine Visitenkarte oder Unternehmens-Präsentation im Internet zu sein. Sie wird zu einem mächtigen Akquise-Instrument – wenn sie gut erstellt ist. Erfahren Sie in diesem Kapitel, wie Sie Ihre Website zu einem Top-Verkäufer machen.

Was eine normale Homepage zur Akquise-Website macht

Die meisten Websites verkaufen nicht. Mit „verkaufen" sind hier nicht nur direkte Bestellungen gemeint (Webshop), sondern vor allem konkrete Anfragen und das Generieren von Leads. Dafür gibt es im Wesentlichen zwei Gründe:

Erstens: Die Website wird im Internet nicht gefunden. Schuld daran ist entweder keine oder eine schlechte Suchmaschinen-Optimierung. Mit dem Thema „Suchmaschinen-Optimierung" beschäftigen wir uns in Kapitel 4.

Zweitens: Die Website wird aufgrund eines Suchergebnisses, eines Links von einer anderen Seite oder durch Direktzugriff auf die URL aufgerufen. Allerdings findet der Benutzer nicht auf einen Blick, was er gesucht hat. Die Website erscheint uninteressant. Ein Besuch lohnt sich nicht. Der Besucher bricht ab. Je mehr Besucher schon auf der Startseite abbrechen, ohne eine Unterseite zu besuchen, desto höher die „Absprungrate". Verstärkt wird die Absprungrate meist noch durch eine extrem kurze Verweildauer der User auf dieser Startseite (meist unter vier Sekunden). Die Absprungrate lässt sich mit Google Analytics messen. (Lesen Sie mehr dazu in Kapitel 4 „Suchmaschinen-Optimierung und Suchmaschinen-Marketing")

Auf den Punkt gebracht, kommt es auf vier wesentliche Faktoren an. Diese entscheiden darüber, ob Ihre Website verkauft oder nicht. Wichtig ist dabei die Reihenfolge dieser Punkte.

Sek. 1 - 3:	Sek. 4 - 9:	ab Sek. 10:	ab Sek. 20:
Unbewusste Phase	Screening-Phase	Lese-Phase	Reaktions-Phase
Positive Gefühle	Übersicht & Struktur	Nützlicher Content	Interaktions-Buttons

Analysieren wir dazu das Besucher-Verhalten im Zeitablauf:

Sekunde eins bis drei: Positive Gefühle in der unbewussten Phase

Schon in den ersten drei Sekunden entscheidet der User, ob er sich weiter mit Ihrer Website beschäftigt oder abbricht bzw. sofort zur nächsten Website springt. Dieser Impuls ist rein emotional gesteuert. Im Neuro-Marketing gehen wir davon aus, dass zwischen 70 und 80 Prozent aller unserer Entscheidungen aus dem Unterbewussten getroffen werden. Wenn wir also über eine Website surfen, dann lenkt uns überwiegend unser innerer „Autopilot". Nur zu 20 bis 30 Prozent ist unser „Pilot", also unsere bewusste Wahrnehmung daran beteiligt. Das passiert, ohne dass wir das selbst bemerken.

Der Grund dafür ist, dass unser bewusstes Denken nur 40 Bits pro Sekunde bewältigen kann. Unser unbewusstes Denken (ja, wir denken auch unbewusst) arbeitet dagegen mit elf Millionen Bits! Das bedeutet, dass unser Unterbewusstes unsere bewussten Entscheidungen vorwegnimmt, indem es filtert, was überhaupt in unser Großhirn zur Entscheidung kommen darf. Klar, dass da die meisten Vor-Entscheidungen schon durch unseren Bauch getroffen werden. Und der Verstand gar keine Chance mehr bekommt, diese zu analysieren! Warum ist unser Unterbewusstsein so mächtig? Weil hier alle unsere biologischen Überlebensprogramme sowie unsere soziokulturellen und individuellen Erfahrungen gespeichert sind.

Was bedeutet das nun für unsere Website? Unsere Website muss es schaffen, innerhalb der ersten drei Sekunden das Unterbewusstsein unserer Besucher positiv zu stimmen. Die richtigen Emotionen haben die Macht, vom Türwächter des Unterbewussten zum Großhirn vorgelassen zu werden. Wie das geht? Indem wir auf unserer Website ganz bewusst die limbischen Belohnungs-Systeme ansprechen. (Lesen Sie mehr im Unterkapitel „Limbische Belohnungs-Systeme – Geben Sie Ihren Kunden, was sie sich wünschen")

Sekunde vier bis neun: Übersicht und Struktur in der Screening-Phase

„Screening" bedeutet, dass sich der Besucher einen raschen Überblick verschafft. Er will möglichst rasch wissen, ob er auf dieser Website das findet, was er sucht. In den ersten vier bis zehn Sekunden springen dem User vor allem Überschriften und Bilder ins Auge. Fließtexte werden noch nicht gelesen.

Achten Sie bei der Gestaltung Ihrer Website darauf, dass die wichtigsten Botschaften schon im Header-Balken (breites Bild ganz oben auf der Startseite) und in den Überschriften zu finden sind. (Lesen Sie mehr im Unterkapitel „Struktur und Menüführung – Verschaffen Sie Ihren Besuchern den totalen Überblick")

Ab Sekunde zehn: Nützlicher Content in der Lese-Phase

Es kommt auf den Inhalt an, damit Ihre Website verkauft. Kein Besucher landet zufällig auf Ihrer Seite. Er hat entweder gezielt Ihre URL eingetippt, auf einen Link geklickt oder Sie über die Recherche in einer Suchmaschine gefunden. In jedem Fall ist der Besucher auf Ihre Website aufmerksam geworden und sucht nun handfeste Informationen. Websites mit „kryptischen" Inhalten verärgern daher die (potenziellen) Kunden.

Eine Website ist kein Image-Prospekt. Sie muss in erster Linie Vertriebs-Aufgaben erfüllen. Und dazu braucht sie nützlichen Content in Form klaren Kundennutzens. (Lesen Sie mehr im Unterkapitel „Der Inhalt – Es kommt auf den Content an, damit Ihre Website verkauft")

Ab Sekunde 21: Gelegenheiten, mit Ihnen in Kontakt zu treten

Möchten Sie, dass Ihre Besucher mit Ihnen in Kontakt treten? Dann reicht ein „Kontakt-Button" im Menü heute nicht mehr aus. Zeigen Sie Ihren Besuchern auf jeder Seite, dass Sie am Dialog interessiert sind.

Der Trend geht eindeutig in Richtung Dialog-Spalte. Das ist eine Spalte auf der rechten Seite Ihrer Website. Diese Dialog-Spalte ist auf (fast) allen Unterseiten sichtbar. Platzieren Sie die Handlungs-Optionen für Ihre Besucher gut sichtbar entweder in einer Dialog-Spalte oder an einem anderen prominenten Platz wie z.B. in einem Header-Balken. (Lesen Sie mehr unter dem Punkt „Diese Inhalte gehören auf eine Unterseite".)

Limbische Belohnungs-Systeme – Geben Sie Ihren Kunden, was sie sich wünschen

Der Bereich, in dem in unserem Gehirn unsere Emotionen verarbeitet werden, heißt limbisches System. Im Zentrum unseres Emotions-Systems stehen die Grundbedürfnisse nach Nahrung, Schlaf und Luft zum Atmen.

Neben diesen Grundbedürfnissen gibt es drei große „Belohnungs-Systeme":

→ **Balance:** Hier werden unsere Bedürfnisse nach Sicherheit, Risikovermeidung, Stabilität und Gewohnheit erfüllt. Unterbereiche sind das Bindungs- und Fürsorge-Modul. Bindung steht für soziale Absicherung und Fürsorge für Nächstenliebe.

→ **Dominanz:** Hier werden unsere Bedürfnisse nach Selbstdurchsetzung, Konkurrenzverdrängung und Autonomie erfüllt.

→ **Stimulanz:** Hier werden unsere Bedürfnisse nach Entdeckung von Neuem und Lernen von neuen Fähigkeiten erfüllt und wird unserem Spieltrieb Nahrung gegeben.

Sexualität spielt in alle Emotions-Systeme hinein. Männliche Sexualität geht ganz stark in den Dominanz-Bereich. Weibliche Sexualität in den Bindungs- und Fürsorge-Bereich.

In jedem Menschen wirken alle drei Belohnungs-Systeme gleichzeitig, aber in einer unterschiedlichen Ausprägung. So überwiegt bei dem einen das Dominanz-System, während das Balance- und das Stimulanz-System untergeordnet sind. Bei einem anderen Menschen ist es gerade umgekehrt. Die unterschiedlichen Kombinationen von Ausprägungen bestimmen unsere Persönlichkeit und haben auch einen großen Einfluss auf unsere Kaufentscheidungen.

Welche Ausprägung dominiert, hängt von den Genen, der soziokulturellen Prägung und den Hormonen ab. Daraus ergeben sich grundlegende Unterschiede zwischen Männern und Frauen. Der unterschiedliche Hormonstatus im Verlauf des Lebens sorgt auch für unterschiedliche Ausprägungen in den einzelnen Lebensphasen. Grundsätzlich tendieren Frauen zum Balance-System, Männer zum Dominanz-System. Junge Menschen zum Stimulanz- und Dominanz-Bereich, ältere Menschen zum Balance-Bereich.

Nach diesen unterschiedlichen Persönlichkeits-Ausprägungen können wir limbische Zielgruppen bilden. Hans-Georg Häusel ist einer der führenden Neuromarketing-Experten. Er hat den Begriff „Limbic ®Types" geprägt (siehe „Buchempfehlungen").

Die Erkenntnisse des Neuromarketing haben eine große Bedeutung für die psychologische Gestaltung einer Akquise-Website. Daher setzen wir uns in der Folge mit den wissenschaftlichen Erkenntnissen und der Anwendung auf einer Website im Detail auseinander.

Wie finden wir nun das passende Belohnungs-System, mit dem wir uns auf unserer Website an die Besucher wenden? Produkte und Dienstleistungen sprechen mit ihren wichtigsten Produkt-Eigenschaften vornehmlich jeweils eines der drei Systeme an.

Produkte und Dienstleistungen, die das Balance-System ansprechen

→ Gesundheitsbereich (Sicherheit und Wohlbefinden)
→ Bioprodukte (Herkunftssicherheit)
→ Versicherungen (Sicherheit und Risikominimierung)
→ Alarmanlagen (Sicherheit und Geborgenheit)
→ Reinigungsmittel (Ordnung und Sauberkeit)

Produkte und Dienstleistungen, die das Dominanz-System ansprechen

→ Funktionskleidung (Leistungssteigerung)
→ Energy Drinks (Leistungssteigerung)
→ Sportgeräte (Leistungssteigerung)
→ Prestige-Produkte (Konkurrenzverdrängung)

Produkte und Dienstleistungen, die das Stimulanz-System ansprechen

→ Unterhaltungselektronik (Abwechslung)
→ Spiele (Abwechslung)
→ Genussmittel (Abwechslung im Geschmack)
→ Urlaubsreisen (Neue Eindrücke)

→ Kino (Abwechslung)
→ Innovations-Consulting (Neues entdecken)

Es gibt aber auch viele Produkte und Dienstleistungen, die im Grunde alle Emotions-Systeme ansprechen können.

→ Auto: Balance: Familien-Van; Dominanz: Sportwagen; Stimulanz: Cabrio
→ Fremdsprachen-Training: Balance: Sicherer Lernerfolg; Dominanz: Konkurrenz-verdrängung; Stimulanz: Spaß am Lernen
→ Marketing-Agentur: Balance: Die Auftraggeber möchten in erster Linie bewahren, was sie aufgebaut haben; Dominanz: Die Auftraggeber streben nach Konkurrenzverdrängung; Stimulanz: Die Auftraggeber wünschen besonders kreative Ideen.

Fällt Ihr Angebot in eine Kategorie, die grundsätzlich alle Belohnungs-Systeme ansprechen kann? Dann überlegen Sie, wie Ihre wichtigste Zielgruppe emotional „tickt". Denken Sie dabei an die Kunden bzw. die Entscheidungs-träger, mit denen Sie jetzt zu tun haben. Sind Sie nicht sicher, aufgrund welcher Emotionen Ihre bisherigen Kunden bei Ihnen kaufen? Dann hören Sie bei Kundengesprächen genau hin. Achten Sie auf die verwendeten Worte. Analysieren Sie die Beweggründe. Beobachten Sie Auftreten und Kleidung.

Was für eine Balance-Zielgruppe spricht

→ Diese Kunden sind Gewohnheits-Menschen, die im Grunde nichts än-dern möchten, teils, weil sie zu bequem für Änderungen sind, teils, weil sie Angst vor Neuem haben.
→ Bei Entscheidungen steht das Absichern von Erreichtem im Vordergrund.
→ Zufriedenheit und Harmonie sind wichtiger als Leistung und Erfolg.
→ Diese Kunden orientieren sich gerne an den Kaufentscheidungen anderer Menschen oder Organisationen.

Was für eine Dominanz-Zielgruppe spricht

→ Diese Kunden legen Wert auf Status und Prestige und zeigen das auch gerne.
→ Leistung und Erfolg stehen an oberster Stelle.
→ Besser sein als andere und Verdrängen von Konkurrenz sind starke Moti-vatoren.

Was für eine Stimulanz-Zielgruppe spricht

➜ Diese Kunden sehnen sich nach Individualität, möchten etwas Besonderes sein.

➜ Abwechslung und Unterhaltung sind wichtige Werte.

➜ Diese Kunden wollen Innovationen und Neuheiten als Erste kennenlernen.

Wie Sie die limbischen Belohnungs-Systeme für Ihre Akquise-Website nutzen

Haben Sie herausgefunden, mit welchem Belohnungs-System Sie Ihre Zielgruppe am besten erreichen? Dann können Sie Ihr Unternehmen limbisch positionieren. Das heißt, Ihr Angebot so verpacken, dass Sie an das für Ihre Zielgruppe wichtigste System andocken. Sie werden gleich Elemente kennenlernen, mit denen Sie auf Ihrer Akquise-Website die einzelnen limbischen Zielgruppen ansprechen können.

Richten Sie Ihre Website in puncto Design, Content und Text auf das für Ihre Kunden (und zukünftige Kunden) wichtigste limbische System aus. Diese Elemente sollten im Vordergrund stehen. Bauen Sie aber unbedingt auch Elemente für die untergeordneten Emotions-Systeme ein. Schließlich müssen sich alle limbischen Typen auf Ihrer Website wiederfinden. Sie erinnern sich: In jedem von uns gibt es Anteile aller Systeme, aber eben in unterschiedlicher Ausprägung. Wenn Sie die limbischen Belohnungs-Systeme aktivieren, steuern Sie bewusst die Emotionen Ihrer Besucher. Ihr Vorteil: Der innere Autopilot Ihrer Besucher wandert in Richtung „Anfrage-Button".

Mit folgenden Elementen sprechen Sie auf Ihrer Website die limbischen Belohnungs-Systeme an:

Balance

Der Kunde sehnt sich nach Gewohnheit, Harmonie, Heimat, Familie, Vertrauen, Sicherheit und Zugehörigkeit zu einer Gruppe. Erfüllen Sie seine Bedürfnisse mit folgenden Elementen:

➜ Ein Bild von Ihnen in Profi-Qualität weckt Vertrauen und Sympathie. Der Kunde sieht, bei wem er kauft.

➜ Ein kurzes Video, in dem Sie zu sehen sind (in großen Unternehmen: Video, in dem ein Präsentator dem Website-Besucher die Angebote präsentiert)

- Ein klares Impressum ist Pflicht, wird aber oft so versteckt, dass es der Besucher nicht auf den ersten Blick findet.
- Eine aussagekräftige „Über uns"-Seite zeigt dem Besucher, mit wem er es zu tun hat. Er kann sich ein Bild vom Unternehmen machen und die Mitarbeiter auf einer Team-Seite sehen. Das weckt Vertrauen und stellt Sympathie her. Eine „Über uns"-Seite, auf der keine Personen abgebildet sind und auch niemand mit seinem Namen genannt wird, können sich nur anonyme Internet-Konzerne leisten.
- Qualitätssiegel von offiziellen Stellen besiegeln das Vertrauen im wahrsten Sinne des Wortes.
- Meinungen von zufriedenen Kunden (Testimonial Statements) überzeugen neue Kunden mehr als reine Selbstbeweihräucherung. Lassen Sie daher Ihre Kunden zu Wort kommen. Sprechen Sie Ihre Kunden darauf an. Die meisten tun gerne ihre Meinung kund. Belassen Sie die Texte Ihrer Kunden weitgehend unbearbeitet. Dann sind sie authentisch. Um die Glaubwürdigkeit sicherzustellen, nennen Sie Ihre Testimonials mit Name, Firmenname (im Business-to-Business) und Ort. Geben Sie den Link zu deren Website dazu. Ist Ihr Thema sensibel und können Sie daher nicht die volle Identität Ihrer Kunden preisgeben? Dann nennen Sie Vorname, den Initialbuchstaben des Nachnamens und den Ort bzw. die Region. In Amerika sind Testimonial Statements fast schon Pflichtprogramm auf jeder guten Website.
- Referenzen – Kunden kaufen gerne dort, wo schon andere bekannte Kunden gekauft haben. Geben Sie daher die Logos Ihrer Referenzkunden auf Ihre Website.
- Vertrauensbildende Texte sind solche, die sich auf die Wünsche und Probleme der Kunden beziehen und hilfreiche Tipps geben. Es darf ruhig etwas mehr Text sein. Jemand, der Sicherheit und Vertrauen gewinnen möchte, liest gerne ausführlicher.
- Social Media Buttons zeigen, auf welchen Social-Media-Plattformen Sie vertreten sind. Da die Meinung anderer für Balance-Menschen besonders wichtig ist, besuchen diese auch gerne Ihre Social-Media-Profile und schauen nach, was Sie und andere Menschen auf diesen Profilen posten.

→ Social Media Sharing Links geben den Besuchern die Möglichkeit, Ihren Content in deren eigenen Social-Media-Profilen zu teilen. Balance-Menschen leben gerne in Beziehungen und teilen auch gerne wertvolle Inhalte.

→ Eine Facebook Fanbox sorgt bei Balance-Kunden für zusätzliches Vertrauen. Was eine gewisse Anzahl an Fans gut findet, muss ja wohl gut sein. Eine Facebook Fanbox kommt fast nur im Business-to-Consumer-Bereich zum Einsatz. Sie ist nur empfehlenswert, wenn Sie bereits eine Fan-Community aufgebaut haben.

→ Farben aus der Balance-Farbpalette wie z.B. Grün oder Beige sorgen für Harmonie und gefühlte Sicherheit.

Dominanz

Der Kunde sehnt sich nach Leistung, Status, Macht, Verdrängung der Konkurrenz, Individualität, Perfektion und persönlichen Vorteilen. Erfüllen Sie seine Bedürfnisse mit folgenden Elementen:

→ Zahlen, Daten, Fakten, die Leistung belegen, wie z.B. Angaben über Umsatz, Unternehmensgröße, herausragende Fakten zu Produkten.

→ Inhalte, die den eigenen Status hervorheben, wie z.B. die Marktführerschaft oder die Mitgliedschaft bei namhaften Verbänden, wie z.B. German Speakers Association u.v.m.

→ Auszeichnungen und Preise, die Ihrem Unternehmen verliehen wurden, heben Ihren Status.

→ Bilder, die Status und Macht ausdrücken, wie z.B. ein repräsentatives Firmengebäude, gut gekleidete Menschen, Firmenlimousine u.v.m.

→ „Ihre Vorteile"-Boxen zeigen dem Website-Besucher seine persönlichen Vorteile auf einen Blick.

→ Gratis Downloads stehen für Macht und Selbstbestimmtheit sowie persönliche Vorteile.

→ Hochwertiges, modernes Webdesign mit großen Bildern und klaren Strukturen unterstreicht Ihre Überlegenheit.

→ Farben aus der Dominanz-Farbpalette, wie z.B. Rot und Schwarz.

Stimulanz

Der Kunde sehnt sich nach Abenteuer, Neugier, Innovationen, Schnäppchen und Spielchen. Erfüllen Sie seine Bedürfnisse mit folgenden Elementen:

- → Blog mit regelmäßigen Neuigkeiten und unterhaltsamen Beiträgen.
- → Texte, die Neugier wecken. Bauen Sie geschickt Teaser-Texte ein.
- → Tests, Quiz, Rechner, Spielchen u.v.m. animieren die Besucher auf spielerische Weise, sich mit Ihrem Content auseinanderzusetzen.
- → Verspielte Stilelemente, wo der User etwas bewegen oder anklicken kann. Modernes Webdesign bietet viele spielerische Effekte, wie z.B. Accordions (auf Klick öffnet sich ein Textfeld), Tabs (bei Klick auf einen Reiter öffnet sich der dazugehörige Text), animierte Banner u.v.m.
- → Kleine Überraschungseffekte, wenn sich etwas plötzlich beim Scrollen oder Drüberfahren mit der Maus bewegt.
- → Schnäppchen appellieren an den Jagdtrieb. Wenn Sie Produkte und Dienstleistungen mit Preisen anbieten, dann sollte immer auch ein Schnäppchen mit dabei sein.
- → Videos mit Unterhaltungswert, z.B. Animationsvideos.
- → Farben aus der Stimulanz-Farbpalette, wie z.B. Gelb und Orange.

Der Inhalt – Es kommt auf den Content an, damit Ihre Website verkauft

In den ersten drei Sekunden hat der innere Autopilot Ihrer Besucher entschieden, ob es sich lohnt, sich mit Ihrer Website zu beschäftigen. Durch den Einsatz der limbischen Belohnungs-Systeme haben Sie positive Gefühle und die Neugier geweckt.

Nun möchte der Besucher wissen, ob er auf Ihrer Website findet, was er erwartet. Es folgt nun die Screening-Phase. Diese dauert vier bis zehn Sekunden. Der Blick des Betrachters fällt zunächst auf die Startseite und die Menüführung. In dieser Phase muss es Ihrer Website gelingen, dem Besucher zu sagen: „Hier sind Sie richtig."

Eine besondere Bedeutung hat dabei der Content auf der Startseite. Inhaltsleere Startseiten mit oder ohne Animation sind komplett passé. Es dauert einfach zu lange, bis die Website auf den Punkt kommt. Auch Startseiten mit ausschließlich Begrüßungstext erfüllen nicht die Aufgabe, Interesse zu wecken. Das ist auch der Grund für hohe Absprungraten (der User klickt nur kurz auf die Startseite und bricht dann die Sitzung ab).

Der Trend geht heute zu längeren Startseiten. Eine Startseite gleicht oft schon einer Mini-Website. Der Startseite kommt auch deshalb eine immer größere Bedeutung zu, da Websites heute zwischen 30 und 90 Prozent (abhängig von der Branche) vom Handy aus betrachtet werden. Am Handy ist es einfacher zu scrollen als zu klicken. Daher sollte ein Exzerpt der wichtigsten Inhalte der Gesamt-Website schon auf der Startseite kurz und bündig präsentiert werden. Hat ein User mehr Interesse an einem Inhaltspunkt, gelangt er über einen Klick auf einen Button bzw. Text-Link „mehr erfahren" zur Unterseite, wo er dann alles genau nachlesen kann. Um durch Suchmaschinen gefunden zu werden, sollte die Startseite idealerweise 300 Wörter umfassen.

Vielleicht denken Sie nun, Sie würden Ihre Besucher mit zu viel Text abschrecken? Keine Sorge. Moderne Formatierungen sorgen dafür, dass Ihre Startseite übersichtlich und strukturiert ist.

Diese Inhalte gehören auf die Startseite

Header-Banner

Wo sieht der Besucher einer Website als Erstes hin? Auf den Header-Banner oberhalb oder unterhalb des Hauptmenüs. Geben Sie daher Ihre wichtigsten Botschaften in diesen Banner. Im Trend liegen Banner, die aus mehreren Slides bestehen. Ein Slide ist eine Art „Folie", auf der ein Imagebild mit Text zu sehen ist. Statt eines Bildes kann auch ein Video eingebettet sein. Üblicherweise enthält ein Banner drei bis sieben Slides, die sich abwechseln. Dabei entstehen unterschiedliche Animations-Effekte.

Arbeiten Sie mit einem E-Book oder anderem Freebee zur Lead-Generierung? Dann sollten Sie dieses unbedingt in einem Banner präsentieren. Denn der Header ist der Blickpunkt Nummer eins. Auch der dazugehörige Download-Button gehört auf diesen Banner.

Hier-sind-Sie-richtig-Text

Der meistgelesene Bereich einer Website befindet sich gleich unter dem Banner. Deshalb gehört dort die wichtigste Aussage hinein. Nämlich die Antwort auf die Frage „Bin ich hier richtig?". Dieser Abschnitt umfasst circa fünf bis neun Sätze (formatiert in zwei bis drei Absätze). In diesen Textabschnitt gehört das, was wir schon unter dem Punkt „Positionierung" besprochen haben:

→ Welche Probleme bzw. Wünsche hat Ihre Zielgruppe?
→ Wie lautet Ihre Problemlösung auf den Punkt gebracht?
→ Was ist Ihr Alleinstellungs-Merkmal?
→ Was ist der besondere Nutzen bzw. der Mehrwert Ihrer Lösung?

Überblick über die von Ihnen angebotenen Lösungen

Ihr Kunde denkt in Lösungen, nicht in Produkten und Dienstleistungen! Geben Sie in diesem Abschnitt Ihrer Startseite den Besuchern einen kurzen Überblick über das, was Sie anbieten. Am besten geeignet ist eine Darstellung in Kästchenform. Überlegen Sie, welche drei, sechs oder neun Lösungen am wichtigsten sind. Ordnen Sie immer drei Kästchen nebeneinander an. Bei sechs bzw. neun Lösungen geben Sie eine zweite bzw. dritte Kästchen-Reihe dazu. Füllen Sie jedes Kästchen mit einem dreizeiligen Teaser-Text. Ein Teaser-Text umreißt die jeweilige Lösung kurz und weckt Neugier auf mehr. Verlinken Sie jedes Kästchen mit der dazugehörigen Unterseite, auf der die jeweilige Lösung dann im Detail dargestellt wird. Machen Sie Ihre Kästchen zu einem echten Hingucker, indem Sie jedem Kästchen ein Bild oder ein Symbol geben.

Kurzer Text zu Ihrem Unternehmen

Präsentieren Sie Ihr Unternehmen schon auf der Startseite mit einem kurzen Text. Oder noch besser in Form von Fakten. Fakten lassen sich als Aufzählungspunkte darstellen. Die wichtigsten Fakten sind: Zielgruppe, Region, Alter der Firma, Angaben zur Firmengröße (Mitarbeiteranzahl, Kundenanzahl, Anzahl der Projekte etc.)

Kurzer Text, warum der Interessent bei Ihnen anfragen und kaufen soll

Dieser kurze Text kann z.B. die Überschrift „Warum gerade wir" oder „Warum Sie bei uns anfragen sollten" tragen. Ideal ist es, hier mit Aufzählungspunkten gute Gründe anzuführen, warum der Kunde ausgerechnet zu Ihnen kommen soll. Achtung: Verwenden Sie keine Worthülsen wie z.B. „kompetent", „beste Preise", „rasche Lieferung" oder „optimaler Service". Diese Begriffe stehen auf sehr vielen Websites und sind daher austauschbar.

Überlegen Sie genau:

→ Was hebt Sie von Ihren Mitbewerbern ab?
→ Welche Vorteile hat der Kunde?
→ Worin erkennt der Kunde Ihre Kompetenz?

Berichte von zufriedenen Kunden (Testimonial Statements)

Wohin gehören die Berichte von zufriedenen Kunden? Am besten gleich auf die Startseite. Vorbei sind die Zeiten, wo Testimonial Statements auf Unterseiten versteckt wurden. Schließlich sind zufriedene Kunden eines der stärksten Elemente zur Vertrauensbildung. Sprechen Sie Ihre besten Kunden direkt an. Bitten Sie um ein kurzes Statement über die Zusammenarbeit mit Ihnen. Sie werden überrascht sein, wie viele Kunden gerne Ihre Meinung sagen. Verlinken Sie die Testimonial-Beiträge mit den Webseiten bzw. dem Social-Media-Profil Ihrer Kunden. So steigern Sie die Glaubwürdigkeit und machen zusätzlich Werbung für diesen Kunden. Als Dankeschön für seinen Beitrag.

Videos

Videos punkten bei Sympathie und Vertrauen. Daher gehören auch Videos auf die Startseite.

Referenzen

Im Business-to-Business wirken auch Logos von Referenzkunden vertrauensbildend. Nützen Sie dieses Element und geben Sie Ihre wichtigsten Referenz-Logos auf die Startseite, am besten in Form eines Bilderkarussells. Natürlich sollten Sie vorher Ihre Kunden um ihr Einverständnis fragen. Am besten geben Sie eine Einverständnis-Erklärung, als Referenzkunde genannt zu werden, gleich in Ihre AGB. Ein Kunde, der nicht als Referenz genannt werden will, muss dann explizit seine Ablehnung an Sie richten. Es gibt nur wenige Branchen, wo die Angabe von Referenzen nicht Usus ist, wie z.B. im Falle von Vermögensberatungen oder Rechtsanwälten.

Blog

Hat Ihre Website einen Blog? Dann geben Sie Ihre aktuellsten Beiträge auf die Startseite, so dass der Besucher sofort sieht, dass weitere interessante Beiträge auf ihn warten.

Webshop

Betreiben Sie einen Webshop? Dann gehören unbedingt die besten bzw. die aktuellsten Angebote auf die Startseite. So locken Sie die Besucher der Startseite zugleich auch in Ihren Webshop.

Social Media Buttons

Zeigen Sie den Besuchern Ihrer Website, auf welchen Social-Media-Kanälen Sie vertreten sind. Platzieren Sie die Icons Ihrer Social-Media-Plattformen auf der Startseite und den Unterseiten.

Hinweis auf Veranstaltungen

Bieten Sie Seminare, Webinare oder andere Veranstaltungen an? Dann gehören die aktuellen Termine unbedingt auf die Startseite. Sind die Termine im Blickfeld, dann steigt auch die Anzahl der Teilnehmer, die sich über Ihre Website anmelden.

Diese Inhalte gehören auf die Unterseiten

Die Unterseiten, die über ein Menü immer erreichbar sein sollen, werden heute überwiegend von Desktop-Usern genützt. Mobile User kommen über Links von der Startseite zu den Unterseiten. Für mobile User spielt das Menü eine untergeordnete Rolle.

Header-Banner

Auch auf den Unterseiten kommen Header-Banner gut an. Am besten, Sie verwenden für jeden Hauptmenüpunkt ein eigenes Bild, das inhaltlich zum Menüpunkt passt. Auf den jeweiligen Unterseiten, die einem Hauptmenüpunkt zugeordnet sind, erscheinen die Banner des Hauptmenüpunktes. Haben Sie z.B. sieben Hauptmenüpunkte mit je vier Unterseiten, kommen Sie mit sieben Bannern aus. Natürlich können Sie auch für jede Untermenüseite ein eigenes Bannerbild verwenden und kommen dann insgesamt auf 28 Bilder.

Überschrift

Beginnen Sie jede Unterseite mit einer aussagekräftigen Überschrift. Der Besucher muss anhand der Überschrift sofort erkennen, worum es auf dieser

Unterseite geht. Geben Sie in die Überschrift das Keyword, mit dem Ihre Website in den Suchmaschinen gefunden werden soll. Definieren Sie die Hauptüberschrift als „H1-Überschrift". Dann erkennen auch die Suchmaschinen die Bedeutung dieser Überschrift. Pro Unterseite darf es aber nur eine H1-Überschrift geben.

Erster Absatz

Beschreiben Sie kurz die Ausgangssituation des Kunden. Setzen Sie ihn so sofort ins Bild. Zeigen Sie ihm, dass Sie sein Problem oder seinen Wunsch kennen.

Zweiter Absatz

Präsentieren Sie darauf Ihre Lösung. Zeigen Sie dem Kunden, welches Produkt bzw. welche Dienstleistung sein Problem löst oder seinen Wunsch erfüllt. Beschreiben Sie, wie die Lösung funktioniert und was das Ergebnis ist, das der Kunde erwarten kann. Liefern Sie Zahlen, Daten, Fakten – soweit vorhanden und im konkreten Fall sinnvoll.

Dritter Absatz

Stellen Sie die Kunden-Nutzen ins Zentrum. Präsentieren Sie drei, fünf oder sieben Kunden-Nutzen klar und übersichtlich. Auch hier steht wieder die Sicht des Kunden im Vordergrund. Selbstverständlichkeiten sind keine Kunden-Nutzen. Formulieren Sie die Kunden-Nutzen am besten in Form von Aufzählungspunkten und achten Sie darauf, dass sie auf einen Blick sichtbar sind. Platzieren Sie diese daher am besten in einem Kästchen.

Rechte Dialog-Spalte

Möchten Sie Leads und Kunden gewinnen? Dann führt kein Weg an der Dialog-Spalte vorbei. Auf der Startseite werden die interaktiven Elemente aus Designgründen meistens in Form von Bannern und Buttons dargestellt. Auf den Unterseiten ist es jedoch empfehlenswert, mit einer rechten (wirklich rechts, nicht links!) Dialog-Spalte zu arbeiten. Diese rechte Spalte muss einmal bei der Erstellung des Website-Designs eingerichtet werden. Die Besucher haben so auf jeder Unterseite die Handlungselemente im Blickfeld.

In die Dialog-Spalte gehören klare Handlungsaufforderungen:

→ Direkte Kontaktdaten (Telefon, E-Mail, Social Media Links)
→ Inhalte zum Gratis-Download, wie z.B. E-Book oder andere Goodies
→ Button zum Antwortformular
→ Termine für Info-Veranstaltungen
→ Anmeldung zum Newsletter

Zusätzliche Elemente, die in die rechte Spalte passen:

→ Bild von Ihnen als Experte bzw. Bild von einem Service-Mitarbeiter (bitte Bilder nur von tatsächlichen Mitarbeitern, Agenturbilder erkennt der Besucher rasch als solche)
→ Bild und Teaser-Text von Blogbeiträgen
→ Bilder von Referenzarbeiten bzw. -produkten
→ Angebot des Tages, der Woche oder sonstige Aktionen
→ Aussagen zufriedener Kunden

Geben Sie Ihrer Website eine persönliche Note

Technik verkauft nicht. Es ist die Persönlichkeit der Website, die Emotionen gekonnt einsetzt. Und so verkauft. Jeder Website-Betreiber hat eine eigene Persönlichkeit. Leider spiegelt sich diese nur selten auf der jeweiligen Website wider. Der Besucher hat oft intuitiv den Eindruck, dass in der Website wenig Leben steckt. Oft haben nicht einmal die Mitarbeiter ein Gesicht. Eine solche Seite ist schlichtweg unattraktiv.

Verschaffen Sie sich einen Wettbewerbs-Vorteil gegenüber all den leblosen, unpersönlichen und nicht aktualisierten Websites der Mitbewerber. Bauen Sie Ihre eigene Internet-Persönlichkeit für Ihr Unternehmen auf. Heben Sie sich von der Masse ab und begeistern Sie Ihre Besucher. Diese danken es Ihnen mit Anfragen und Einträgen in Ihren Lead-Verteiler.

Inhalte aus der Sicht des Kunden

Überlegen Sie bei jeder einzelnen Unterseite, welche Probleme und Wünsche Ihrer Kunden Sie ansprechen. Versetzen Sie sich in die Lage des Kunden und gehen Sie auf seine Probleme und Wünsche ein. So erkennt der Kunde, dass Sie ihn verstehen und er bei Ihnen richtig ist.

Lösungen statt Produkte und Dienstleistungen

Kunden haben Probleme und Wünsche, die Sie lösen bzw. erfüllen möchten. Vielfach stehen aber bei Websites statt konkreter Lösungen Produkte und Dienstleistungen im Vordergrund. Der Kunde bleibt mit seinen Fragen zurück: „Wofür brauche ich das?", „Welches Produkt ist das richtige für mich?", „Warum soll ich das kaufen?". Die Hoffnung, dass der Kunde schon fragen wird, wenn er etwas wissen will, erfüllt sich meist nicht. Wenn potenzielle Interessenten nicht finden, was sie suchen, surfen sie einfach weiter.

Präsentieren Sie auf Ihrer Website also Lösungen statt bloß Produkte und Dienstleistungen. Geben Sie den Lösungen einen Namen und ordnen Sie dann jeder Lösung die passenden Produkte und Leistungen zu. Versehen Sie Ihre Lösungen, Produkte und Dienstleistungen mit Bildern. Auf Produkt- und Dienstleistungs-Ebene gehören gut strukturierte Beschreibungen, Zahlen, Daten und Fakten dazu.

Wichtig: Der Kunde kauft ein Ergebnis. Stellen Sie daher das Ergebnis, das der Kunde erhält (z.B. ein schlüsselfertiges Haus), in den Vordergrund und nicht den Prozess (die Baustelle).

Mehrwert-Inhalte

Bieten Sie Ihren Besuchern Mehrwert-Inhalte. Mehrwert-Inhalte sind Inhalte, die dem Leser sofort einen echten Nutzen bieten. Besonders beliebt sind dabei hilfreiche Tipps und Anleitungen. Achten Sie auf ein ausgewogenes Verhältnis zwischen frei zugänglichen Inhalten und solchen, die erst über das Eintragen in einen E-Mail-Verteiler zugänglich sind. Die frei zugänglichen Inhalte sind ein wesentlicher Beitrag zur Suchmaschinen-Optimierung. Außerdem steigt damit die Attraktivität der Inhalte, für die der Benutzer seine E-Mail-Adresse eingeben muss. Die frei zugänglichen Tipps und Anleitungen lassen ihn vermuten, dass die Inhalte, für die er sich registrieren muss, noch wertvoller sind.

„Über uns"-Seite mit Mehrwert

Werten Sie Ihre „Über uns"-Seite auf, indem Sie mehr schreiben als bloß das Pflichtprogramm. Beschreiben Sie Ihre Person nicht nur anhand der beruflichen Eckdaten. Verfassen Sie einen Text, in dem Ihre Philosophie und Ihre Werte mitschwingen. Das macht Sie sympathisch und menschlich. Präsentieren Sie sich von Ihrer persönlichen Seite, z.B. in Form eines Interviews. Mögliche Fragen für dieses Interview können sein:

→ Wo kommen Sie ursprünglich her (Geburtsort)?
→ Warum haben Sie diesen Beruf ergriffen?
→ Was ist Ihnen in diesem Beruf wichtig (Werte)?
→ Was macht Ihre Persönlichkeit aus?
→ Was war Ihr größter Erfolg?
→ Was sind Ihre Träume?
→ Was machen Sie in Ihrer Freizeit?
→ Haben Sie Familie? Oder ein Haustier?

Blog

Was früher eine meist nur leidlich gepflegte News-Seite war, wird heute als Blog angelegt. Der Blog hat den Vorteil, dass der Besucher die Berichte nach Datum und Kategorien sortieren kann. Außerdem kann er dort einen Kommentar abgeben. Für den Betreiber hat der Blog den Vorteil, dass er einfach und ohne Programmier-Kenntnisse aktuelle Inhalte online stellen kann.

Wollen Sie regelmäßig mit wertvollem Content bei Ihren (potenzieller.) Kunden und bei Google punkten? Dann sollte ein Blog auf Ihrer Website nicht fehlen. Der Blog lässt sich gut für die Suchmaschinen optimieren und trägt daher wesentlich zu Ihrer Auffindbarkeit im Internet bei! Haben Sie Ihren Blog auf einer eigenen Domain laufen, dann können Sie auf Ihre Website verlinken. Die Handhabung ist aber einfacher, wenn Sie alles in einem System haben. Möchten Sie Werbung machen, ohne dass es der Besucher auf den ersten Blick merkt? Dann gestalten Sie einen neutralen Themen-Blog oder einen Blog, der ein öffentliches Anliegen behandelt. Die Verlinkung zu Ihrer Website sollte dann aber sehr dezent sein.

Was in einen Blog gehört:

→ Relevante Storys zu dem Thema, worin Sie Experte bzw. Spezialist sind
→ Fachberichte zu Ihrem Thema, Ihren Produkten und Leistungen
→ Neuheiten bzw. Verbesserungen zu Produkten und Leistungen
→ Produktvergleiche
→ Erfahrungsberichte von Kunden
→ Case Studies

→ Neuheiten zum Unternehmen, den Mitarbeitern, Kunden

→ Storytelling

→ u.v.m.

Mehr zum Thema Blog finden Sie in Kapitel 8 „Akquise mit Content-Marketing".

Struktur und Menüführung – Verschaffen Sie Ihren Besuchern den totalen Überblick

Lange Zeit dominierten Menüstrukturen mit drei bis vier hierarchischen Ebenen. Nicht jede Seite war über einen Menüpunkt aufrufbar. Vielfach musste man erst auf „Zurück" klicken, um wieder zu einem Menüpunkt zu gelangen. Der Benutzer konnte sich leicht in der Menüführung verirren. Verschachtelte Menüs mit Seiten, die nicht über die Navigation aufrufbar sind, sind nicht nur unübersichtlich, sondern auch für die Suchmaschinen schwer indexierbar.

Menüebenen

Eine Akquise-Website kommt üblicherweise mit zwei Menüebenen aus. Verwenden Sie eine dritte Ebene nur ausnahmsweise. Richten Sie Ihre Hauptmenüpunkte an den angebotenen Lösungen aus.

Hauptmenüpunkte haben für Suchmaschinen eine wesentliche Bedeutung. Wenn sie die Namen Ihrer Lösungen (z.B. „Marketing-2.0-Strategie"/ „Lead-Generierung"/„Akquise-Website"/„Webinar-Akquise" oder „Maschinen"/„Software"/„Zubehör") tragen, werden Ihre Lösungen auch besser gefunden. Heißen Ihre Hauptmenüpunkte jedoch „Unser Angebot" oder „Unsere Leistungen", ist dies im Sinne der Suchmaschinen-Optimierung nicht gerade sinnvoll, da in diesem Fall die Wörter „Unser Angebot" bzw. „Unsere Leistungen" indexiert werden. Im Internet wimmelt es nur so von Seiten „Unser Angebot" und „Unsere Leistungen".

Die Hauptmenüpunkte gehören in die Hauptmenüleiste, direkt parallel unter oder oberhalb des Header-Balkens. Diese Menüleiste ist die wichtigste. Hierhin gehören Ihre Lösungen. Ideal sind sechs bis neun Menüpunkte, die dort ihren Platz finden.

Unterseiten

Legen Sie pro Inhalt bzw. pro Angebot eine Unterseite an. Ordnen Sie jeder Unterseite ein Keyword, also einen Suchbegriff, zu. Um in den Suchmaschinen gut gefunden zu werden, sollte jede Unterseite mindestens 150 Wörter umfassen, besser jedoch 300. Verlinken Sie jede Unterseite zu einem Untermenüpunkt. Jede Unterseite muss über das Menü aufrufbar sein. Am besten sind Untermenüpunkte, die sich beim Drüberfahren mit der Maus aus dem Hauptmenüpunkt ausrollen.

Top-Menü

Sorgen Sie für eine übersichtliche Menüführung, indem Sie neben dem Hauptmenü noch eine oder zwei weitere Menüleisten verwenden. Die zweite Menüleiste ist das so genannte Top-Menü. Das Top-Menü befindet sich ganz oben rechts auf Ihrer Website. In das Top-Menü gehören Menüpunkte wie z.B. „Start", „Über uns", „Referenzen", „ Termine", „Blog", „Kontakt".

Footer-Menü

Die dritte Menüleiste ist das Footer-Menü ganz unten auf der Website. Das Footer-Menü ist meistens zwei-, drei- oder vierspaltig gestaltet. In einer Spalte befinden sich die Menüpunkte „Impressum" – „AGB" – „Datenschutz" – „Disclaimer". Wenn Sie in Ihre Website Google Analytics, Facebook, Twitter, Google+ oder ähnliche Dienste, die Daten der Besucher abfragen, eingebunden haben, dann ist der Hinweis auf diese Dienste auf einer Seite „Datenschutz" Pflicht. Mit einem „Disclaimer" entheben Sie sich der Verantwortung für Inhalte von verlinkten Websites.

TIPP

Unter eRecht24.de können Sie einen rechtssicheren Disclaimer und eine Datenschutzseite generieren.

In weiteren Spalten im Footer-Menü erweisen sich Direkt-Links zu den wichtigen Unterseiten als besonders kundenfreundlich. Damit hat der Kunde direkten Zugriff auf die wichtigsten Seiten. Diese Maßnahme ist auch für die Suchmaschinen-Optimierung wichtig.

Menüführung mit der Kärtchen-Methode erarbeiten

Haben Sie die Inhalte Ihrer Website festgelegt und tüfteln Sie nun an der Menüführung? Wenn Sie rasch und einfach zur besten Lösung kommen wollen, dann arbeiten Sie mit der Kärtchen-Methode. Verwenden Sie dazu die Rückseiten von alten Visitenkarten oder schneiden Sie gleich große Kärtchen aus Papier aus. Nehmen Sie für jeden Inhalt ein Kärtchen und schreiben Sie den Namen des Menüpunkts darauf. Legen Sie alle beschrifteten Kärtchen auf einem großen Tisch aus.

Legen Sie nun die Kärtchen für die Hauptmenüpunkte in eine Reihe. Ordnen Sie die Kärtchen dieser Reihe von links nach rechts, wie es für Sie am besten passt. Danach ordnen Sie jedem Hauptmenüpunkt die relevanten Untermenüpunkte zu, indem Sie unter jeden Hauptmenüpunkt die passenden Kärtchen für die Untermenüpunkte legen. Ordnen Sie diese von oben nach unten, wie es für Sie am besten passt.

Der Vorteil der Kärtchen-Methode ist, dass Sie die Kärtchen beliebig verschieben können, bis alle Unterpunkte schlüssig zugeordnet sind. Verfahren Sie mit den Menüpunkten im Top-Menü und im Footer-Menü auf die gleiche Weise.

Website texten - kundenorientiert, verkaufsfördernd und suchmaschinenoptimiert

Texten fürs Internet ist eine Kunst. Schließlich muss der Text drei wichtige Aufgaben erfüllen. Ihr Text muss:

→ dem (potenziellen) Kunden Nutzen bieten,
→ Reaktion bewirken = „verkaufen" und
→ bei Google & Co. gefunden werden.

Der Text muss dem (potenziellen) Kunden Nutzen bieten

Viele Websites bieten dem Besucher nicht viel mehr als eine Selbstdarstellung des Unternehmens. Meist werden dabei die Probleme und Wünsche des Kunden komplett übersehen. „Wir bieten dies, wir bieten jenes" – schön für den Betreiber der Website. Aber welchen Nutzen hat der Besucher? Der Besucher hat keine Zeit und Lust, die Website nach einem eventuellen Nutzen zu durchsuchen. Lieber surft er gleich weiter. Daher sollten Sie Ihre Texte aus der Sicht Ihrer Kunden formulieren:

- → Bieten Sie Ihren Besuchern Texte mit Mehrwert.
- → Beziehen Sie sich auf die Wünsche und Probleme Ihrer Besucher.
- → Zeigen Sie die Kunden-Nutzen klar auf.
- → Geben Sie hilfreiche Tipps.
- → Heben Sie die Besonderheit Ihres Angebots hervor.
- → Wenn Sie Produkte verkaufen, beschreiben Sie, wie diese ein bestimmtes Problem lösen oder etwas verbessern.
- → Suggerieren Sie Ihren Lesern, dass Sie der richtige Ansprechpartner sind. Wenn es um genau die Problemlösung geht, worin Sie Spezialist bzw. Experte sind.
- → Geben Sie Ihren Texten eine einzigartige, authentische Note.

Der Text muss beim Leser eine Reaktion bewirken

Ein Großteil der Websites erhält wenig bis gar keine Anfragen. Kein Wunder, wenn auf der gesamten Website nur ein „Kontakt-Button" ist. Das ist in etwa so, als wenn ein Verkäufer zum Kunden im Laden sagt: „Schauen Sie sich ruhig einmal um. Wenn Sie mich brauchen, rufen Sie laut und deutlich." Daher

- → Wenn Sie wollen, dass der Besucher eine Handlung setzt, dann sagen Sie es ihm!
- → Bieten Sie Ihren Besuchern Gelegenheiten, Handlungen zu setzen. Auf jeder Unterseite! Nützen Sie dafür die rechte Spalte.
- → Bieten Sie auch niedrigschwellige Handlungs-Optionen, wie z.B. ein Gratis-E-Book oder Goodie.
- → Bieten Sie Handlungs-Optionen in allen Kanälen (E-Mail, Telefon, Social Media).
- → Nützen Sie die limbischen Belohnungs-Systeme für mehr Response. Versprechen Sie in Ihren Texten Sicherheit, Leistung und Abwechslung in allen Facetten. Bieten Sie für alle drei limbischen Zielgruppen passende

Formulierungen. Schenken Sie der limbischen Zielgruppe, die am stärksten vertreten ist, besonderes Augenmerk in Ihren Texten.

➜ Sprechen Sie die (potenziellen) Kunden immer direkt an (Dialog-Texte in der „Sie-Form").

Der Text muss bei Google & Co. gefunden werden

Suchmaschinen-Optimierung (SEO) beginnt schon beim Texten. Kennen Sie die Schlüsselwörter, die (potenzielle) Kunden bei Google & Co. eingeben, um dann auf Ihre Seite verwiesen zu werden? Dann bauen Sie diese in Ihre Texte ein. So gehen Sie dabei vor:

➜ Verwenden Sie ein Keyword pro Unterseite.

➜ Bauen Sie das jeweilige Keyword in die Überschrift der Seite ein.

➜ Auch im Fließtext sollte das Schlüsselwort bis zu drei Mal vorkommen.

➜ Schreiben Sie 150 bis 300 Wörter pro Seite. Google dankt es Ihnen.

So optimieren Sie Texte für das Internet

Für Online-Texte gelten andere Regeln als für gedruckte Texte. Das ergibt sich daraus, dass das Leseverhalten am Bildschirm anders ist als in gedruckten Medien. Der Leser im Internet liest einen Text nicht von Anfang bis Ende durch. Das Auge orientiert sich vielmehr an der Struktur. Es bleibt vor allem bei Überschriften und Aufzählungen hängen. Anstatt langer Textpassagen arbeiten wir bei Online-Texten mit Texthappen, die über Links miteinander verknüpft sind. Wichtig ist auch die Formatierung der Texte, sodass diese übersichtlicher und lesefreundlich erscheinen. (Weitere Informationen zu Formatierungen finden Sie im Unterkapitel „Website Design – ansprechend, benutzerfreundlich und einprägsam".)

Die an dieser Stelle getroffenen Aussagen zum Thema Optimieren von Texten für das Internet gelten nicht nur für Websites, sondern auch für Texte in E-Mail-Mailings, auf Blogs, in Online-Artikeln, in Social-Media-Kanälen u.v.m.

Strukturieren Sie Ihre Texte

➜ Jede Seite braucht eine Überschrift. Bauen Sie in die Hauptüberschrift (H1) das Keyword der Seite ein. In einer Subüberschrift (H2) können Sie die Hauptüberschrift näher erklären.

→ Ist Ihr Text länger? Dann arbeiten Sie mit Zwischenüberschriften (H3). Fassen Sie jeweils drei bis vier Absätze mit einer Zwischenüberschrift zusammen.

→ Setzen Sie jeden neuen Gedanken in einen eigenen Absatz.

→ Damit der Text leichter lesbar ist, machen Sie nach maximal vier Zeilen einen Zeilenumbruch mit einer Leerzeile.

→ Wechseln Sie Text-Passagen mit ganzen Sätzen und Aufzählungspunkten ab. Es gibt zwei Typen von Menschen. Die einen lesen lieber ganze Sätze. Die anderen mögen es auf den Punkt gebracht. Wenn Sie Fließtext mit punktuellen Aufzählungen abwechseln, werden Sie beiden Typen gerecht.

Formulieren Sie einfache Sätze

→ Die optimale Wortanzahl für einen Satz beträgt neun. Die Obergrenze liegt bei 16 Wörtern pro Satz. Darüber sind Sätze am Bildschirm nur noch schwer lesbar.

→ Die optimale Silbenanzahl pro Wort liegt bei einem Durchschnittswert von zwei. Ausnahmen sind Fachbegriffe, die auch bis zu sechs Silben haben dürfen. Wichtig ist, dass Ihre Leser die Fachbegriffe kennen. Lange Wörter sollten sich mit kurzen abwechseln.

→ Trennen Sie lange Wörter am besten mit einem Bindestrich. Dadurch kann sie der Leser schneller erfassen, z.B. Service-Garantie, Top-Angebot.

→ Vermeiden Sie Schachtelsätze. Online-Texte sollten entweder kein oder nur ein Komma pro Satz beinhalten. Ausgenommen sind Aufzählungen mit Kommata. Je mehr Kommata ein Satz hat, desto weniger verständlich wird er.

• •

BEISPIEL FÜR DAS UMWANDELN VON SCHACHTELSÄTZEN

Schwer zu lesender Schachtelsatz

Über 5.000 Kunden, die Produkt XY gekauft und geprüft haben, sind in jedem Fall der beste Beweis dafür, dass Produkt XY allen Qualitätsansprüchen gerecht wird und auch Sie, unter der Voraussetzung, dass XY den Vorschriften entsprechend angewendet wird, von Grund auf zufrieden sein werden."

Einfach zu lesender Online-Text

Entscheiden auch Sie sich für Produkt XY. Tests haben bewiesen, dass es allen Punkten hinsichtlich Qualität entspricht. Die richtige Anwendung natürlich vorausgesetzt. Über 5.000 zufriedene Kunden sind der Beweis.

● ●

Arbeiten Sie mit starken Verben

Verben bringen Dynamik in einen Satz. Allerdings nur, wenn sie an erster oder zweiter Stelle im Satz stehen.

● ●

BEISPIEL FÜR VERBEN AN DER ERSTEN STELLE IM SATZ

→ **Probieren** Sie ...
→ **Testen** Sie ...
→ **Nutzen** Sie ...
→ **Überzeugen** Sie sich ...
→ **Profitieren** Sie ...
→ **Erfahren** Sie ...

BEISPIEL FÜR VERBEN AN DER ZWEITEN STELLE IM SATZ

→ Mit Produkt XY **gewinnen** Sie ...
→ 5.000 Kunden **profitieren** bereits ...
→ Handwerker aller Art **nutzen** ...
→ XY **erspart** Ihnen ...
→ AB **sichert** Ihnen ...

● ●

Damit die Verben an der ersten oder zweiten Stelle im Satz zu stehen kommen, müssen Sie Hilfsverben wie „können", „würde", „wäre" etc. streichen. Hilfsverben schwächen auch die Aussage eines Satzes. Wenn Produkt XY etwas erreichen *kann*, dann ist es fraglich, wie hoch die Wahrscheinlichkeit dafür ist. Also statt „So wie 5.000 Kunden könnten auch Sie ... von XY profitieren" schreiben Sie besser: „5.000 Kunden profitieren bereits von ...".

Vermeiden Sie Substantivierungen

Substantivierung bedeutet, dass ein Verb (Zeitwort) in ein Substantiv (Hauptwort) umgewandelt wird. Diesen Stil haben wir in der Schule gelernt und konnten damit unsere Lehrer mit klug klingenden Aufsätzen beeindrucken. In Online-Texten wirken Substantivierungen hölzern und kompliziert. Vermeiden Sie daher alle Wörter, die auf -ung, -heit oder -keit enden.

Welchen Satz verstehen Sie unmittelbarer? Den ersten oder den zweiten?

→ „Nach erfolgter Ankunft und Besichtigung der Sachlage war mir das Erringen des Sieges möglich."

→ „Ich kam, sah und siegte." (Cäsar)

Schreiben Sie im Dialog-Stil

Binden Sie Ihre Leser ins Geschehen ein. Sie verleihen Ihrem Text dadurch deutlich mehr Kraft und Wirkung. Sprechen Sie Ihre Leser direkt an, indem Sie zu 75 Prozent im „Sie-Stil" schreiben.

Nur 25 Prozent der Personalpronomen sollten sich auf Sie bzw. Ihr Unternehmen beziehen. Verwenden Sie dafür den „Wir-Stil". Die „Wir-Form" ist jedoch nur dann sinnvoll, wenn Sie ein Unternehmen repräsentieren. Sind Sie Experte, dann ist die „Ich-Form" stärker und auch glaubwürdiger. Der „Plural der Majestät" ist insbesondere bei Ein-Personen-Unternehmen (EPU) nicht sinnvoll.

Vermeiden Sie das unspezifische „Man" (außer es ist rhetorisch sinnvoll). Wenn Sie schreiben: „Man erreicht mit XY eine Optimierung in puncto Zeit und Kosten", dann stellt sich der Leser die Frage, wer wohl mit „man" gemeint ist. Lassen Sie Ihre Leser nicht im Unklaren. Schreiben Sie klar und deutlich, von wem die Rede ist.

Arbeiten Sie mit Wortbildern

Lesen ist Fernsehen im Kopf. Im Idealfall malt jedes Wort ein Bild im Kopf des Lesers. Tut es das nicht, sollten Sie dieses Wort durch ein „bildhaftes" Wort ersetzen. Leider verwenden sehr viele Menschen nichtssagende Worthülsen. Der Grund dafür ist, dass viele Angst davor haben, konkrete Aussagen zu treffen. Konkrete Aussagen haben einen verbindlichen Charakter. Viele schrecken davor zurück. Genauso wie dem Autor von unverbindlichen Texten geht es auch dem Leser. Er merkt deutlich, dass sich jemand nicht festlegen möchte. Die Texte werden austauschbar. Der Leser erkennt keinen klaren Nutzen für sich und bricht das Lesen ab.

● ●

VERMEIDEN SIE WORTHÜLSEN WIE

→ Großes Angebot
→ Optimaler Service
→ Gutes Preis-Leistungsverhältnis
→ In jeder Hinsicht
→ Perfekte Umsetzung
→ Kompetenter Partner
→ Freundliche Bedienung
→ Rasche Lieferung
→ Höchste Ansprüche
→ Optimale Qualität
→ Eigentlich
→ Ziemlich

● ●

Bevor Sie zu einer Worthülse greifen, überlegen Sie, was Sie damit aussagen wollen, und verwandeln diese in einen griffigen Begriff, der auf Fakten beruht. Schreiben Sie z.B. statt „großes Angebot" besser „Auswahl aus 40.000 Artikeln" oder statt „höchste Ansprüche" „alle Wünsche verwöhnter Käseliebhaber". Sie sehen, ein „Anspruch" kann für alles und jeden stehen. Das Wortbild dagegen ist konkret und meint in diesem Fall „Käseliebhaber". Genauso kann eine „perfekte Umsetzung" sowohl ein „präziser Haarschnitt" wie ein „Bahnhofsbau innerhalb der festgesetzten Fristen und des veranschlagten Budgets" sein. Wortbilder haben nicht nur den Vorteil, dass sich der Leser schneller orientieren kann, sondern auch, dass Sie Ihren Text besser für die Suchmaschinen optimieren können. In ein konkretes Wortbild lässt sich sehr leicht das Keyword verpacken. Worthülsen sind per se keine Suchwörter.

Neben den Wortbildern im engeren Sinn gibt es auch gelernte Wortbilder. Gelernte Wortbilder üben einen besonderen Reiz auf die Leser aus. Auch wenn diese Wörter überall in der Werbesprache präsent sind, nutzen sie sich nicht ab. Im Gegenteil. Da sie gelernte Wortbilder sind, versteht auch das Unterbewusste, was gemeint ist. Aus diesem Grund bezeichnen wir die gelernten Wortbilder auch als „magische Worte" der Werbesprache. Sie haben einen besonderen Motivations-Effekt auf unsere Leser. Setzen Sie nicht alle diese Wörter auf einer Seite ein. Verwenden Sie aber ruhig ein bis drei dieser magischen Begriffe auf jeder Unterseite.

GELERNTE WORTBILDER

Neu / Vorteil / Geld / Sparen / Gewinnen / Sicher / Angebot / Preis / Exklusiv / Jetzt / Sofort / Garantie / Nur / Kostenlos / Gratis / Geschenk / Gutschein / Rabatt / Test

Sprechen Sie mit bildhaften, konkreten und sinnlichen Worten die Sinnesorgane Ihrer Leser an.

WORTE, DIE DIE SINNESORGANE ANSPRECHEN

→ Visuell – sehen: „Sehen Sie", „Verschaffen Sie sich einen Überblick", „Mustern Sie diese Angebote", „Fassen Sie ... ins Auge"

→ Auditiv – hören: „Haben Sie schon gehört?", „Wie klingt das für Sie?" „XY arbeitet völlig lautlos"

→ Kinästhetisch – fühlen: „XY fühlt sich an wie ...", „Berühren Sie selbst...", „Das fühlt sich weich an", „Erleben Sie selbst ..."

Wie viele emotionale Worte sind bei einem Online-Text erwünscht? Grundsätzlich geht nichts ohne Emotionen, egal ob im Business-to-Consumer-Bereich oder im Business-to-Business. Der Unterschied liegt nur in der Anzahl. Texte, die sich an Privatpersonen richten, müssen emotional sein, Texte für Mitarbeiter eines Unternehmens sollten überwiegend sachlich, aber durchaus auch emotional sein. Ohne Emotionen gelangt unsere Botschaft schließlich nicht am limbischen Türsteher vorbei.

Vermeiden Sie **Fremdwörter**. Nicht jedem Leser ist jedes Fremdwort geläufig. Schreiben Sie daher so, dass es jeder versteht. Oft merken Sie als Experte schon gar nicht mehr, wenn Sie einen Fachbegriff verwenden. Die Leser wissen aber nicht, was gemeint ist. So wird z.B. im Internet-Marketing das Wort „Traffic" häufig verwendet. Gemeint ist damit der Besucherstrom auf einer Website.

Wie viel **Fachjargon** ist wirklich nötig? Je weniger desto besser. Erklären Sie Begriffe, die nicht jeder kennen muss.

Erleichtern Sie das Lesen

Negative Begriffe und Verneinungen werden unterbewusst als Aussage erfasst. Vermeiden Sie daher negative Formulierungen (außer rhetorisch sinnvoll) und verwandeln diese in positive Sätze. Positive Sätze sind für die meisten Menschen leichter verständlich und bleiben auch besser im Gedächtnis haften.

→ „Bei der Lieferung ergeben sich keine Probleme." → „Die Lieferung erfolgt einfach und bequem."

→ „In unserer Klinik sind die Besuchszeiten nicht eingeschränkt." → „In unserer Klinik ist jederzeit Besuchszeit."

Aktive Sätze machen Texte lebendiger und beziehen den Leser in die Handlung mit ein. Vermeiden Sie daher passive Formulierungen, diese sind auch schwerer zu verstehen.

→ Passive Konstruktionen sollten vermieden werden.
→ Passive Konstruktionen sollten vom Schreibenden vermieden werden.
→ Der Schreibende sollte passive Konstruktionen vermeiden.
→ Der Schreibende sollte aktive Konstruktionen verwenden.
→ Schreiben Sie aktiv!

Heben Sie Schlüsselwörter hervor! **Fette Wörter** stechen besonders ins Auge. Der Leser kann schneller das Wichtigste eines Textes erfassen. Zuviel Fettdruck bewirkt aber das Gegenteil und schadet dem Überblick. Vermeiden Sie *kursive Texte*, da diese schlechter lesbar sind.

Unterstrichene Wörter zeigen einen Link an. Unterstreichen Sie nur, wenn Sie auch wirklich einen Link setzen wollen. Ansonsten verwirren Sie Ihre Leser unnötig mit einem Text, der als Link wahrgenommen wird.

Verwenden Sie anstatt von Kommata **Aufzählungszeichen**. Aufzählungszeichen (Bullet Points) und Einzüge machen Texte übersichtlich, anschaulich, leicht verständlich, eindeutig und einprägsam.

Verwenden Sie für **Aufzählungen** eine ungerade Zahl wie drei, fünf oder sieben. Im höheren Zahlenbereich sind zehn und zwölf Aufzählungszeichen empfehlenswert.

Der Leser nimmt **arabische Ziffern** schneller wahr als Zahlwörter. Schreiben Sie daher „3" statt „Drei", „10" statt „Zehn", „12" statt „Zwölf".

Vermeiden Sie das Wort **„Kosten"**. „Kosten" impliziert „Geld ausgeben und nichts dafür bekommen". Kosten gibt es daher nur in der Kostenrechnung. Nicht im Marketing! Im Marketing haben die Dinge einen „Preis" oder einen „Wert" oder sind eine „Investition". Eine Ausnahme ist hier die Verkaufs-Rhetorik: „Ich habe gesehen, dass das Produkt XY bei unserem Mitbewerber 500 Euro kostet. Bei uns erhalten Sie XY schon für 450,–."

Website Design – ansprechend, benutzerfreundlich und einprägsam

Sind Sie gerade dabei, eine neue Website zu gestalten? Dann stehen Ihnen alle Möglichkeiten offen, die Empfehlungen der nächsten Seiten umzusetzen. Geht es darum, eine bestehende Website zu optimieren? Dann werden vermutlich nicht alle Vorschläge umsetzbar sein. Vielfach lässt ein veraltetes Content-Management-System (CMS) nicht alle neuen Möglichkeiten zu. Entweder Sie entscheiden sich dann doch für eine Neugestaltung oder Sie setzen nur jene Ratschläge um, die technisch möglich sind.

Was technisch immer umsetzbar ist, sind Optimierungen im Bereich Inhalt. Und damit machen Sie schon einen großen Schritt in Richtung Verkauf. Da sich das Design an der Funktionalität und am Nutzen für den Kunden ausrichtet, gibt es auch immer wieder neue Trends, um diesem Anspruch noch besser gerecht zu werden.

Webdesign-Trends

Responsive Design

Responsive bedeutet, dass sich Ihr Design automatisch an die Bildschirmgröße des Users anpasst. 30 bis 90 Prozent der Zugriffe auf eine Website – je nach Branche unterschiedlich – passieren heute von mobilen Endgeräten aus. Optimieren Sie daher Ihre Website für alle Geräte: Computer, Tablet und Handy. Responsiveness gehört heute für Google zu den wichtigsten Bewertungskriterien. Nicht responsive Websites werden automatisch nach hinten gereiht. Aber Achtung: Programmiertechnisch responsiv heißt noch lange nicht, dass Ihre Website auch aus Marketingsicht responsiv ist. Zu einer marketingtechnisch responsiven Website gehört z.B. auch, dass die Startseite wie eine Mini-Website gestaltet ist, wo sich animierende Bilder und Texte abwechseln und zum Weiterlesen einladen.

Full-Width Design

Die PC-Bildschirme werden immer größer. Trotzdem gibt es noch viele Websites, die für kleine Bildschirme erstellt wurden. Der gesamte Inhalt spielt sich dann auf einer sehr kleinen Fläche ab. Auf den Betrachter wirken solche Websites heute im wahrsten Sinne des Wortes kleinkariert. Machen Sie Eindruck mit einem Design, das an einzelnen Stellen über den ganzen Bildschirm geht (Full-Width-Design). Lassen Sie Header-Balken, Bilder und Farbfläche ruhig bis an den Rand laufen. Damit das Auge beim Lesen nicht Pingpong spielen muss, sollten die Texte nicht bis ganz außen reichen.

Flat Design

Bis vor kurzem war es Trend, auf einer Website neben dem Inhalt der jeweiligen Unterseite zusätzlich zwei bis drei weitere Themen in einem eigenen Kästchen anzureißen. Klickte man dann auf eines dieser Kästchen, war man auf der Website schnell verloren. Der Weg zurück zum Hauptpunkt war nur schwer zu finden. Die Nachteile dieses Designs waren Unübersichtlichkeit und unnötige Ablenkung. Mit dem Flat Design kehrt Klarheit ein. Sorgen Sie dafür, dass der Besucher jede einzelne Seite Ihrer Website von einem Menüpunkt im Haupt- bzw. Untermenü ansteuern kann. Beschränken Sie die Menüs auf zwei Ebenen. Setzen Sie eine dritte Menüebene nur ausnahmsweise ein. Besonders wichtige Seiten können Sie mit einem Seitenlink am unteren Rand (Footer) als Direktzugriff hervorheben. Diese Methode ist besonders dann sinnvoll, wenn wichtige Seiten sonst nur in einem Untermenü aufscheinen würden.

Neue Formatierungen

Um bei Google & Co. gefunden zu werden, sollte die Textlänge pro Unterseite bei 300 Wörtern liegen. Lange Texte, einfach heruntergeschrieben, animieren nicht gerade zum Lesen. Arbeiten Sie daher mit raffinierten Formatierungen:

→ Accordeons: Auf den ersten Blick sieht der Besucher nur Absatzüberschriften. Durch einen Klick auf das Plus-Symbol neben der Absatzüberschrift kann der Leser den gesamten Text öffnen. So lässt sich auch viel Text übersichtlich darstellen.
→ Tabs: Der Besucher sieht ein Kästchen mit Reitern. Durch Klicken auf die einzelnen Reiter öffnet sich mehr Text. Tabs sind besonders beliebt bei der Beschreibung von Produkten in verschiedenen Facetten.
→ Kästchen: Platzieren Sie besonders wichtige Inhalte in Kästchen, z.B. „Ihre Vorteile".
→ Spalten: Wechseln Sie auf der Startseite einspaltige und zweispaltige Inhalts-Passagen ab. Auf den Unterseiten empfiehlt sich ebenfalls ein zweispaltiges Design: Inhalt sowie rechte Dialog-Spalte.

Bilder-Karussell

Möchten Sie ein Produkt von allen Seiten zeigen? Dann geben Sie es in ein Bilder-Karussell. Der Betrachter sieht zuerst drei bis vier Bilder in einer Reihe. Beim Klick auf die Pfeile am Rand bewegt sich das Karussell und zeigt weitere Bilder. Mit einem Bilder-Karussell lassen sich viele Bilder oder auch Referenz-Logos übersichtlich darstellen.

Blog

Was früher unter „News" zu finden war, kommt heute in einen Blog. Der Blog hat den Vorteil, dass der Besucher die Berichte nach Datum und Kategorien sortieren kann. Außerdem kann er dort einen Kommentar abgeben.

Social Media

Der Link zu den eigenen Social-Media-Plattformen gehört heute zum guten Ton. Wer nicht zumindest auf einer Plattform vertreten ist, gilt als altmodisch.

Social Media Sharing Links

Möchten Sie, dass die Besucher Ihrer Website Ihre Inhalte in den Social-Media-Kanälen verbreiten? Dann geben Sie unbedingt die Social Media Sharing Links dazu.

Programmieren der Website – Ändern Sie Texte und Bilder selbst

Können Sie ohne Programmier-Kenntnisse eine Website gestalten? Ja, Sie können. Ganz einfach mit WordPress (https://de.wordpress.org). WordPress ist die weltweit führende Open Source Software, die kostenlos von vielen Internet Providern angeboten wird. Überprüfen Sie, ob der Provider, der Ihre Domain und Ihren Webspace verwaltet, WordPress anbietet. Wenn ja, können Sie sofort mit dem Gestalten einer Website in WordPress beginnen. WordPress stellt sowohl kostenlose als auch kostenpflichtige Designvorlagen (Themes) zur Verfügung. Wählen Sie aus einer großen Anzahl von Vorlagen die für Sie passende aus. Passen Sie diese Vorlage an Ihr Design an. Einfache Vorlagen können Sie selbst anpassen. Für komplexere Vorlagen ist es besser, Sie lassen Ihr Design einmal von einem Profi einrichten.

Ist das Web-Design einmal in WordPress erstellt, stellen Sie selbst ganz einfach Texte und Bilder online. Auch eine neue Unterseite können Sie schnell hinzufügen. Der Vorteil von WordPress ist, dass Sie damit unabhängig von einem Programmierer sind, der meist gerade dann keine Zeit hat, wenn Sie eine kleine Änderung benötigen.

Wünschen Sie eine Funktion, z.B. einen Veranstaltungskalender, die bei Ihrer Vorlage nicht dabei ist? Dann suchen Sie nach meist kostenfreien Erweiterungen (Plug-ins) und installieren diese in Ihrem System. Es gibt kaum eine Funktion, für die noch kein Plug-in existiert. Widget-Applikationen sorgen für Aktualität. Widgets werden meist in die rechte Dialog-Spalte geschoben oder in den Footer-Bereich. Beliebte Widgets sind z.B. ein sich selbst aktualisierender Veranstaltungskalender oder eine Vorschau auf die beliebtesten Blogartikel.

Mit WordPress ist eine „echte" Programmierung nur noch selten erforderlich. Üblicherweise nur dann, wenn ein Sonderwunsch über den Umfang der Designvorlage hinausgeht.

Beispiele für erfolgreiche Websites finden Sie unter: www.comstratega.at/referenzen.

Kapitel 4

Suchmaschinen-Optimierung (SEO) und Suchmaschinen-Marketing (SEM)

Kennen Sie Google? Na klar. Aber kennt Google auch Sie? Über 90 Prozent der Internet-User im deutschsprachigen Raum nützen Google für ihre Suche im Web. Wer im Internet gefunden werden will, kommt um Google nicht herum. Lesen Sie in diesem Kapite, wie die Suchmaschinen-Optimierung funktioniert und wie Sie Anzeigen bei Google AdWords schalten.

Die drei großen Bereiche, um im Internet gefunden zu werden

90 Prozent der Internet-Nutzer schauen bei Google nur auf die erste Seite. Ein Platz unter den Top Ten ist daher heiß umkämpft. Die Regeln sind jedoch klar. Google veröffentlicht regelmäßig Updates, sobald sich die Richtlinien ändern. Diese Updates erscheinen in Fachmedien, Foren und Blogs. Das gibt jedem die Möglichkeit, nach diesen Spielregeln mitzuspielen und seine Website selbst zu optimieren. Faule Tricks findet Google schnell heraus und vergibt dafür die rote Karte! 70 Prozent der Google-Regeln sind bekannt, 30 Prozent sind weiterhin Firmengeheimnis.

Um im Internet gefunden zu werden, kommen Sie um Google nicht herum. Google beherrscht alle drei großen Bereiche: On-Page SEO, Off-Page SEO und Suchmaschinen-Marketing (SEM). Im Bereich SEM mischt Facebook jedoch immer mehr mit.

→ Die **On-Page-Suchmaschinen-Optimierung** betrifft alle Optimierungen, die Sie an der eigenen Website direkt vornehmen können. Oder vornehmen lassen. Das sind die „Hausaufgaben" jedes Website-Betreibers. Kernbereiche der On-Page SEO ist das Erarbeiten der Schlüsselwörter (Keywords) und das Einbauen dieser in die Website.

→ Bei der **Off-Page-Suchmaschinen-Optimierung** geht es um den Aufbau von externen Links (Backlinks), die von einer anderen Website auf die Ihre verweisen. Viele hochwertige und thematisch relevante Verlinkungen beweisen Google & Co., dass Ihre Website vertrauenswürdig ist. Das steigert den Wert Ihrer Website und die Platzierung in den Suchmaschinen.

→ Mit **bezahlten Anzeigen** bei Google AdWords und bei Facebook können Sie rasch Besucherströme auf Ihre Website lenken. Die Bezahlung erfolgt auf der Basis „Pay-per-Click". Das bedeutet, Sie bezahlen einen Preis für jeden Klick, den ein Besucher der Anzeige tätigt und so Ihre Website besucht.

On-Page-Suchmaschinen-Optimierung - Keywords & Co.

On-Page SEO gehört zu den „Hausaufgaben", die jeder Website-Betreiber machen sollte. Dabei geht es vor allem um den Content und die Suchwörter. Wenn Sie eine Website neu gestalten, sollten Sie schon beim Erstellen an die Suchmaschinen-Optimierung denken. Das erspart im Anschluss viel Zeit und Mühe. Lesen Sie in diesem Abschnitt, worauf Sie unbedingt achten sollten.

Guter Content zählt

Was bringt es Ihnen, wenn Ihre Website zwar im Netz gefunden wird, der Besucher aber gleich wieder abspringt und zur nächsten Seite surft, weil der Inhalt nicht das bietet, was sich der User aus dem Suchergebnis erhofft hat? Gar nichts. Daher hat Google in einem Update die Regel festgesetzt, dass guter Content das Ranking verbessert.

Damit tut Google vor allem den Besuchern Ihrer Website einen Gefallen. Schließlich profitieren diese am meisten von guten Inhalten. Minuspunkte gibt es für alle, die zu wenig oder schlechten Content verbreiten. Wie bewertet Google Ihren Content? Ganz einfach: Google analysiert Messgrößen wie Absprungrate, Verweildauer auf der Seite und die Anzahl an Backlinks, die von anderen Websites auf die Ihre verlinken.

Google wirft auch ein Auge auf die Texte. Diese müssen inhaltlich plausibel sein und auch vom sprachlichen Ausdruck passen. Google hat dafür einen eigenen Algorithmus programmiert, um automatisch erstellte Texte abzustrafen.

Ganz wichtig ist für Google, dass sich auf Ihrer Website etwas tut. Platzieren Sie daher immer wieder neuen, aktuellen Content. Sorgen Sie für regelmäßige Aktualisierungen, arbeiten Sie mit News- und Blogbeiträgen.

Auf die richtigen Keywords kommt es an

Google kategorisiert seine Suchergebnisse nach Schlüsselwörtern (Keywords). Die Suche nach den richtigen Keywords ist eine der wichtigsten, aber auch schwierigsten Aufgaben der Suchmaschinen-Optimierung. Hier zählt vor allem das Wissen um seine (potenziellen) Kunden. Welche Keywords tippen diese ein, wenn sie ein Angebot wie das Ihre suchen? Die Antwort auf diese Frage kennen Sie selbst meist am besten, weil Sie einfach näher an Ihren Kunden dran sind, als jede SEO-Agentur.

So finden Sie die richtigen Keywords für Ihre Website

Planen Sie Ihre Website-Struktur so, dass Sie jeder einzelnen Seite und Unterseite ein Keyword zuordnen. Ideal ist jeweils ein Schlüsselwort, ausnahmsweise sind bis zu drei pro Seite sinnvoll. Hat Ihre Website also 15 Seiten, dann sollten Sie im Idealfall 15 Keywords festlegen. Mehr als 30 sollten es aber keinesfalls sein.

Orientieren Sie sich bei der Bestimmung der Keywords an den Begriffen, die die aktuellen Kunden in die Suchmaschine eingeben, um Ihren Content zu finden. Gehen Sie davon aus, dass neue Kunden die gleichen Suchbegriffe eingeben wie bestehende Kunden.

Überprüfen Sie nun die Häufigkeit der Suchanfragen im Netz für Ihre ausgewählten Suchwörter. Verwenden Sie dafür den KeywordPlanner von Google. Die Nutzung ist gratis. Sie brauchen allerding ein Konto bei Google (https://adwords.google.at/KeywordPlanner). Achtung: Sie müssen beim klassischen Google AdWords eingeloggt sein – und nicht beim neuen Google AdWords Express!

Gehen Sie auf „Suchvolumen für Keyword-Liste" abrufen. Geben Sie dort Ihre Suchwörter ein (ein Wort pro Zeile). Geben Sie bei „Ausrichtung" Ihre Region oder Ihre Stadt ein. Sie können auch ausschließende Keywords definieren. Abschließend definieren Sie noch, auf welchen Zeitraum sich die Suche richten soll, wie z.B. das letzte Jahr. Klicken Sie dann auf „Suchvolumen abfragen". In der Analyse erkennen Sie dann, wie oft ein Schlüsselwort in den letzten zwölf Monaten pro Monat abgefragt wurde. Sie erhalten auch eine Einschätzung der Konkurrenz in Form von „Hoch", „Mittel" oder „Niedrig".

Ideal ist ein Suchwort, das häufig abgerufen wird und eine geringe Konkurrenz hat. Sinnvoll ist in jedem Fall nur ein Keyword, das häufig abgerufen wird. Denn was nützt das beste, konkurrenzlose Suchwort, wenn keiner danach sucht?

Achten Sie darauf, dass Ihr Suchwort nicht zu breit streut. Verwenden Sie keine zu allgemeinen Begriffe wie z.B. „Autoservice" (10,6 Mio. Treffer). Die Internet-User haben bereits gelernt, gezielte Suchanfragen zu stellen. Aus diesem Grund arbeitet man heute fast nur mit so genannten „Long-Tail Keywords". Darunter verstehen wir Suchwort-Kombinationen, die bei Suchmaschinen weniger umkämpft sind als jene, die einem für eine Branche oder zu einem Thema unmittelbar einfallen. Verwenden Sie also „Autoservice Wien" (1.820 Treffer). Es ist besser, mit einer Wortgruppe in den Suchmaschinen weit vorne zu stehen, als mit einem Einzelwort irgendwo ganz hinten. Je präziser Sie Ihre Keywords wählen, desto besser werden Sie von Ihrer Zielgruppe gefunden.

Unbedingt achten sollten Sie darauf, dass Sie dasselbe meinen wie Ihre Kunden. Vielleicht verstehen Sie unter „Telefonservice" die Reparatur von Telefonen. Wer in Google „Telefonservice" eingibt, meint in den meisten Fällen aber „Telefon-Antwort-Service", also einen Dienstleister, der für Sie das Telefon abhebt, wenn Sie nicht im Büro sind. Haben Sie also ein Keyword ausgewählt, dann schauen Sie selbst bei den Suchergebnissen von Google nach, welche anderen Websites mit diesem Suchwort angezeigt werden und ob diese das gleiche meinen, wie Sie.

Verwenden Sie den KeywordPlanner, um Synonyme abzutesten. Oft werden zwei sehr ähnliche Begriffe unterschiedlich oft bei der Suche eingegeben. Machen Sie den Test und entscheiden Sie sich für das Keyword, das häufiger gesucht wird. In Fällen von ähnlichen Suchbegriffen macht es auch Sinn, Ihre Website auf beide Synonyme zu optimieren. Zum Beispiel wird bei Google der Suchbegriff „Autoreparatur Wien" 110 Mal pro Monat gesucht, der Begriff „Autoservice Wien" nur 90 Mal pro Monat.

So bauen Sie die Keywords auf Ihrer Website ein

→ Geben Sie das Keyword in die URL der jeweiligen Seite bzw. Unterseite, wie z.B. www.comstratega at/leads-generieren/.

→ Texten Sie eine Hauptüberschrift (H1), in der das Keyword enthalten ist. Es darf pro Unterseite nur eine H1-Überschrift geben!

→ Geben Sie das Keyword in eine Unterüberschrift (H2, H3).

→ Benennen Sie die Menüpunkte nach Suchworten (z.B. „Webinar-Akquise").

→ Texten Sie Ihren Content so, dass das Keyword dreimal im Text vorkommt.

→ Verlinken Sie die Seiten und Unterseiten mit Textlinks. Idealerweise verlinkt das Keyword selbst zu einer anderen Unterseite. Besonders geeignet sind dafür Verlinkungen zu Glossaren oder einer weiterführenden Textseite. Auch Textlinks von der Startseite zu den relevanten Unterseiten sind sinnvoll.

→ Achten Sie darauf, dass jede Seite bzw. Unterseite 300 Wörter umfasst. Der Mindestwert beträgt 150 Wörter pro Seite, besser sind jedoch längere Texte.

→ Beschriften Sie Bilder und Videos mit Ihren Suchworten.

→ Geben Sie Ihre Keywords in punktuelle Aufzählungen, wie z.B.
  - Wort Keyword Wort
  - Wort Wort
  - Wort Wort Wort Wort.

→ Machen Sie die SEO-Einträge auf jeder Seite bzw. Unterseite in dem dafür vorgesehenen SEO-Bereich in der CMS-Eingabemaske. Moderne Websites haben einen SEO-Bereich schon automatisch integriert. Manchmal müssen Sie aber auch ein Zusatzmodul (Plug-in) installieren. Bei WordPress ist das Plug-in „All in one SEO-Pack" sehr zu empfehlen.

→ Befüllen Sie nun jede einzelne Seite bzw. Unterseite mit den SEO-Einträgen wie folgt:
  - Geben Sie einen Seitentitel ein. Darin muss das Keyword unbedingt vorkommen. Der Seitentitel sollte aussagekräftig sein, sodass der Internet-User beim Suchergebnis schon weiß, worum es auf dieser Seite bzw. Unterseite geht. Der Seitentitel darf maximal 60 Zeichen lang sein.
  - Geben Sie eine Seitenbeschreibung ein. Die Seitenbeschreibung ist ein Werbetext mit maximal 160 Zeichen. Dieser erscheint in den Suchergebnissen gleich unter dem Seitentitel. Die Seitenbeschreibung soll neugierig machen, sodass der Benutzer Ihre Seite anklickt. Natürlich sollte in der Seitenbeschreibung auch das Schlüsselwort vorkommen.
  - Geben Sie in das dafür vorgesehene Feld Ihr Keyword bzw. Ihre Keyword-Gruppe ein. Mehr als drei Keywords bzw. Keyword-Gruppen sind nicht sinnvoll. Die Keywords müssen mit einem Komma getrennt werden.
  - Im Bereich der SEO-Einträge befinden sich meist auch noch weitere SEO-Optionen. Die wichtigste davon ist „Robots Meta NOINDEX". Robots Meta NOINDEX heißt, dass diese Seite nicht indexiert wird. Generell wollen wir, dass alle Seiten in den Suchmaschinen auffindbar sind. Daher bitte bei Robots Meta NOINDEX kein Häkchen machen! Eine einzige Seite muss allerdings auf NOINDEX gestellt werden. Der

Grund ist, dass Google daran erkennt, dass die ganze SEO händisch und nicht automatisiert erstellt wurde. Wählen Sie also eine Seite aus, die nicht indexiert werden soll, z.B. die AGB. Machen Sie bei dieser Seite ein Häkchen bei NOINDEX.

→ Optimieren Sie auch die Website als Ganzes mit den Meta-SEO-Einträgen. Auch dafür haben moderne Websites ein Eingabefeld vorgesehen. Tragen Sie hier Seitentitel, Seitenbeschreibung und Haupt-Keywords ein. Hier dürfen es bis zu zehn Keywords bzw. Keyword-Gruppen sein. Seitentitel und Seitenbeschreibung funktionieren wie auf den Unterseiten.

Off-Page-Suchmaschinen-Optimierung – Verlinken Sie sich zu einer Top-Reputation im Internet

Neben einer ordentlichen On-Page-Optimierung Ihrer Website ist gerade der Linkaufbau (Off-Page-SEO) eine gute Möglichkeit, um eine gute Position in den Suchmaschinen zu erzielen. Das Hauptziel des Linkaufbaus ist es, die Suchergebnis-Position für ein bestimmtes Suchwort (Keyword) bei einer Suchmaschine zu verbessern. Generell muss man aber sagen, dass in den letzten beiden Jahren die Bedeutung des Link-Aufbaus zu anderen Seiten eher zurückgegangen ist. Heute werden dem Content und der Reponsiveness mehr Bedeutung beigemessen. Der wichtigste Faktor in der Off-Page-Suchmaschinen-Optimierung liegt heute in einer guten Verlinkung der eigenen Website mit den Social Media und den dort stattfindenden Interaktionen.

Beim Linkaufbau geht es darum, thematisch sinnvolle Verweise (Links) zu Ihrer Website zu generieren. Viele hochwertige und relevante Verlinkungen zeigen den Suchmaschinen, dass Ihre Website vertrauenswürdig ist. Das bewirkt, dass Ihre Website für einen bestimmten Suchbegriff algorithmisch an eine höhere Position in den Suchergebnissen aufrückt.

● ●

ANALYSIEREN SIE IHRE WEBSITE

Wenn Sie wissen wollen, welche Websites auf Ihre Website verlinken, dann nutzen Sie den kostenfreien Dienst Seokicks (http://www.seokicks.de). Seokicks zeigt genau an, wie viele und welche Domains auf Ihre Website verlinken und wie viele Links von jeder Domain kommen. Z.B. können von 22 Domains 114 Links auf Ihre Website verweisen. Es ist wichtig, dass viele verschiedene Domains auf Ihre Website verlinken.

Wenn nicht alle gesetzten Links bei seokicks.de angezeigt werden, dann liegt es daran, dass nicht alle Websites mit der gleichen Häufigkeit von den Suchmaschinen besucht und überprüft werden. Es gibt aber auch sogenannte „Nofollow"-Links. Nofollow-Links vererben keine Linkpower auf Ihre Seite. Öffentliche Stellen, Tageszeitungen und manche Branchenverzeichnisse setzen ausschließlich Nofollow-Links. Im Sinne eines guten Linkmix haben aber auch Nofollow-Links ihre Berechtigung. Wenn Sie jedoch die Wahl haben zwischen Nofollow und Dofollow, dann ist ein Dofollow-Link, der seine Linkpower auch an Ihre Website weitergibt, natürlich der bessere.

●●

Der Aufbau dieser Verlinkungsstruktur soll möglichst wie „natürlich gewachsen" aussehen. Eine der wichtigsten Regeln beim Linkaufbau ist die organische Mischung der Links. Achten Sie auf eine gute Durchmischung bei Linkarten, Linkzielen und Linktexten.

Foren

Foren gibt es im Internet zu jedem Thema. Menschen suchen in Foren Antworten auf Fragen, Lösungen für Probleme, neue Ideen für ein Hobby oder Fragestellungen im Job.

Das passende Forum finden Sie über eine Google-Suche. Geben Sie „Forum" + „Ihr Keyword" ein. Registrieren Sie sich bei den jeweiligen Plattformen und diskutieren Sie los. Auch die Online-Portale der Tages- und Wochenzeitungen sind ein guter Ort, um relevante Foren zu finden.

Beteiligen Sie sich an Diskussionen in Foren, die zu Ihrem Thema stattfinden. Geben Sie dort hilfreiche Tipps und setzen Sie hin und wieder (nicht zu oft!) einen Link zu Ihrer Website. Foren-Marketing ist abgesehen von der Off-Page SEO eine gute Möglichkeit, sich als Experte zu positionieren. Bleiben Sie in „Ihren" Foren am Ball und posten Sie immer wieder neue Beiträge, Antworten und hilfreiche Kommentare. Erstellen Sie für Ihre Foren eine passende Signatur, die neugierig macht, z.B. Margit Moravek „Kunden-Akquise übers Internet – bei mir erfahren Sie, wie das geht". Beliebte Foren sind:

→ diepresse.com / derstandard.at / diestandard.at / foren.net / forum.chip.de / forum.spiegel.de / freenet.de

→ Frage-Antwort-Portale: frag-mutti.de / gutefrage.net / wer-weiss-was.de

Blogkommentare

Auch in Blogs finden Diskussionen statt. Finden Sie den passenden Blog über eine Google-Suche. Geben Sie „Blog" + „Ihr Thema" ein. Oder suchen Sie bei https://google.de/alerts, indem Sie dort Ihren Wunschbegriff hinterlegen und regelmäßig über Beiträge zu Ihrem Thema informiert werden. Kommentieren Sie mit hilfreichen Postings und verlinken Sie zu Ihrer Website.

Social Signals

Nützen Sie auch Social Signals für ein besseres Ranking bei Google! Im Zeitalter von Social Media erlangen diese immer größere Bedeutung. Sorgen Sie dafür, dass Ihre Website bzw. Ihre Blogbeiträge auch bei Facebook, XING, LinkedIn und Co. geliked, geteilt und kommentiert werden. Wer in den Social-Media-Kanälen beliebt ist, ist es auch bei Google!

Mischung nach Linkzielen

Setzen Sie nicht alle Links zu Ihrer Startseite. Verlinken Sie auch zu Unterseiten (Deep Links). Ein guter Mix ist z.B., wenn 50 Links von hoher Qualität auf Ihre Starseite verlinken, je zehn gute Links auf die Seiten des Hauptmenüs (erste Hierarchie-Ebene) und je zwei Links mit geringerer Qualität auf die restlichen Unterseiten (zweite und eventuell dritte Hierarchie-Ebene).

Mischung nach Linktexten

Wenn Sie von anderen Websites, Social-Media-Plattformen, Foren, Blogs, etc. Links zu Ihrer Website setzen, dann achten Sie darauf, dass die Linktexte variieren. Mischen Sie 15 Prozent „Brandlinks" (also Ihr Firmenname) mit 80 Prozent „Keyword-Links" (z.B. Waschsalon 1100 Wien) und 5 Prozent anderen Linktexten (z.B. zum Artikel, mehr erfahren).

Worauf es bei der Verlinkung ankommt

Der Aufbau von Links ist für jeden leicht selbst umsetzbar. Das Einzige, was Sie dazu benötigen, ist Zeit. Neben den Links, die Sie selbst mit etwas freier

Zeit, Geduld und Fleiß setzen können, ist auch der Linktausch eine bewährte Methode, um an Backlinks zu kommen. Achten Sie darauf, dass Sie keine Link-Sammlung unterschiedlichster Partner anlegen. Besser sind immer Textlinks. Das heißt, dass ein Textlink auf einer Unterseite des Partners auf Ihre Website verlinkt. Tauschen Sie auch nicht zu viele Links mit ein und demselben Partner.

Das Wichtigste bei der Verlinkung ist, dass die Website, die auf Ihre verlinkt, für Ihr Thema bzw. für Ihre Suchworte relevant ist. Je relevanter desto besser. Kennen Sie das Sprichwort „Wer mit Hunden in einem Bett schläft, braucht sich nicht zu wundern, wenn er Flöhe bekommt"? Genauso ist es mit Verlinkungen. Achten Sie darauf, dass Websites, die zu Ihrer linken, grundsätzlich eine gute Bewertung haben. Schlecht bewertete Websites färben auf Ihre Website negativ ab. Dieser Effekt wird „Bad-Neighbourhood-Effekt" genannt. Es darf im Sinne eines guten Mix zwar die eine oder andere schwache Verlinkung dabei sein, die guten Links sollten aber überwiegen.

DIE SCHLIMMSTEN FEHLER BEIM LINKAUFBAU IM ÜBERBLICK

➜ Schlechter Linkmix
➜ Duplicated Content (gleicher Inhalt auf Ihrer Website und einer anderen)
➜ Zu rascher Linkaufbau (am besten nur zehn neue Links pro Woche setzen)
➜ Zu wenige Backlinks
➜ Links, die auf Seiten verweisen, die es nicht mehr gibt („tote Links", „404-Fehler")
➜ Zu wenige Keyword-Links

Google AdWords – Steigern Sie die Anzahl der Besucher auf Ihrer Website

Wenn Sie die Suchmaschine Google verwenden, dann kennen Sie sicher auch die als „Anzeigen" markierten Suchergebnisse. Bei diesen Textanzeigen handelt es sich um sogenannte Google-AdWords-Inserate. Das sind bezahlte Anzeigen, die oberhalb der unbezahlten Suchergebnisse (generische Suchergebnisse) oder rechts davon eingeblendet werden. Studien zeigen, dass immerhin 40 Prozent der Google-Nutzer die Inserate zuerst ansehen.

Möchten Sie Ihre Website weiter nach vorne bringen? Und das sofort? Dann nutzen Sie Google AdWords. Der große Vorteil von Google AdWords ist, dass nur dann Kosten für Ihre Anzeige anfallen, wenn diese Anzeige auch tatsächlich angeklickt wird ("Pay-per-Click"). Das bloße Aufscheinen des Inserats auf der Ergebnis-Seite wird nicht berechnet.

Wie viel ist Ihnen ein Klick auf Ihre Website wert? Google AdWords funktioniert nach einem Auktionssystem. Je nach Keyword und Branche gibt es mehrere bis sehr viele Mitbewerber, die alle mit ihren Google-Anzeigen auf der ersten Seite gefunden werden wollen. Die erste Seite hat deshalb eine so große Bedeutung, weil 90 Prozent Google-Nutzer nur die erste Seite betrachten.

Legen Sie für jedes Keyword einen maximalen Preis fest, den Sie für einen Klick auf Ihre Anzeige zu diesem Keyword zu zahlen bereit sind. Dieses Klickgebot beeinflusst im Auktionsverfahren die Positionierung Ihrer Anzeige. Sie können jedoch keine bestimmte Position der Anzeige erkaufen. Der Bieter, der bereit ist, am meisten für den Klick (CPC – Cost-per-Click) eines potenziellen Kunden zu bezahlen, erscheint weiter oben. Der Klickpreis wird für jedes einzelne eingebuchte Keyword in einem Auktionsverfahren ermittelt, und zwar für jeden Suchbegriff separat.

Neben der Gebotshöhe bestimmen mehrere qualitative Kriterien die Platzierung Ihrer Anzeige. Diese betreffen vor allem die Relevanz des Keywords in Relation zum Anzeigentext und der Zielseite, wo die Anzeige hin verlinkt. Google misst hier das Verhältnis von Schaltung der Anzeige und den Klicks darauf (Click-through Rate – CTR). Je höher die Click-through-Rate ist, desto besser.

Wie Sie eine Google-AdWords-Anzeige gestalten

Wenn Sie eine Anzeige bei Google AdWords schalten wollen, dann brauchen Sie zunächst ein Google-Konto. Damit sind Sie in der Welt von Google registriert. Danach nehmen Sie für Ihre Anzeigen die wichtigsten Grundeinstellungen vor. Dazu gehören das Finden und Zuordnen der passenden Keywords, das Festlegen des maximalen Klick-Preises pro Keyword (CPC max), das Tages- oder Monats-Budget, Anzeigentext-Varianten, die Zielgruppen-Ausrichtung auf geografische Regionen, die Uhrzeit für das Erscheinen der Anzeige und vieles mehr.

Eine Textanzeige bei Google besteht aus:

→ Titel (max. 25 Zeichen)
→ Zwei Textzeilen
→ Angezeigte URL der Zielseite: Diese muss zwingend die gleiche Domain haben wie die tatsächliche URL der Zielseite, damit der Nutzer anhand der Textanzeigen erkennt, wohin ihn sein Klick führt.

Formulieren Sie den Text attraktiv. Heben Sie den Nutzen für den User hervor und fordern Sie direkt zu einer Handlung auf. Geben Sie unbedingt auch Ihr Schlüsselwort in die Anzeige. Der bei der Suche eingegebene Begriff erscheint in der Anzeige fett hervorgeben. Das erhöht die Wahrscheinlichkeit, dass ein Besucher auf Ihr Inserat klickt, und verbessert auch die Qualität der Anzeige. Was wiederum eine bessere Platzierung bewirkt.

Am besten, Sie erstellen für jedes Keyword drei bis vier verschiedene Anzeigentexte. So können Sie möglichst viele unterschiedliche Nutzer ansprechen. Lassen Sie die Anzeigen so lange laufen, bis jede Anzeige um die 50 Klicks hat. Behalten Sie die Anzeige, die die beste Leistung bringt, löschen Sie die anderen. So reduzieren Sie Ihre Kosten und maximieren auf der anderen Seite Ihren Erfolg.

Google bietet für AdWords Anzeigenerweiterungen an. Nützen Sie diese, wenn dies für Ihr Projekt sinnvoll ist. Zu den wichtigsten Anzeigenerweiterungen gehören:

→ Standort: Ansicht der Geschäftsadresse auf einer eingeblendeten Karte
→ Bewertungen: Anzeige von Bewertungen durch Kunden
→ Sitelinks: Bis zu sechs zusätzliche Zielseiten mit kurzem Text
→ Telefonnummer
→ Mobile Apps: Link zu einer mobilen App

AdWords-Kampagnen erfordern sehr viel Feintuning. Meist kommen Sie um eine Testphase nicht herum. Damit die Tests aussagefähig sind, sollten Sie in den ersten drei Tagen das AdWords-Budget höher bemessen. Bieten Sie einen höheren Preis für Ihre Keywords als der von Google vorgeschlagene.

Dadurch platzieren Sie Ihre Anzeige weit vorne und sind überhaupt in der Lage, zu testen. Ist Ihr Inserat weit hinten in den Suchergebnissen, wird es nicht gesehen und auch nicht geklickt. Ein Testen ist somit gar nicht möglich. Auf der Basis der Test-Ergebnisse passen Sie dann Ihr Budget an und erzielen so den optimalen Wert.

Wie Sie die Kosten berechnen

Testen Sie, ob Ihr Keyword greift und Sie Klicks erhalten. Überprüfen Sie, ob diese Klicks auch in Anfragen und Aufträgen resultieren. Überlegen Sie dann, wie viel Ihnen eine Anfrage wert ist. Davor steht natürlich die Überlegung, wie viele Anfragen Sie für einen durchschnittlichen Auftrag oder eine durchschnittliche Bestellung benötigen. Daraus können Sie dann berechnen, welchen Wert ein Klick für Sie hat.

BEISPIEL ZUR BERECHNUNG EINES KLICKPREISES

Durchschnittlicher Auftragswert 1.000 Euro, 30 Prozent davon stehen für den Vertrieb zur Verfügung (= 300 Euro)

    50 Klicks für eine Anfrage

    10 Anfragen für einen Auftrag

    = 500 Klicks für einen Auftrag

In diesem Beispiel dürfen 500 Klicks maximal 300 Euro kosten, d.h. ein Klick darf 0,6 Euro kosten.

Was Sie tun können, wenn Sie zu wenig Anfragen erhalten

Fall 1 – Sie erhalten viele Klicks, aber zu wenig Anfragen: Gestalten Sie Ihre Website übersichtlicher. Dann findet der Besucher schneller das Gesuchte. Die Zahl der Anfragen steigt.

Fall 2 – Sie erhalten zu wenig Klicks und daher auch zu wenig Anfragen:

→ Erhöhen Sie den Klickpreis, um weiter vorne zu stehen und mehr Klicks zu generieren

→ Erhöhen Sie das Monatsbudget, damit die Anzeige öfter eingeblendet wird

→ Ändern Sie den Anzeigentext
→ Ändern Sie die Keywords

Vermeiden Sie unnötige Kosten für Klicks, die für Ihre Website keine Relevanz haben. Wählen Sie Ihre Suchwörter (Keywords) daher sorgfältig aus. Am besten sind Suchwörter-Gruppen, die Ihr Angebot genau beschreiben. Bedenken Sie: Je weiter Ihr Suchbegriff gefasst ist, desto größer ist auch der Streuverlust. Beschränken Sie Ihre Anzeige auch auf eine geografische Region.

Werbung auf Google unterliegt klaren Richtlinien, an die sich jeder Werbetreibende halten muss. Eine Missachtung der Regeln führt zu Sanktionen. Bevor Ihre Anzeige freigeschalten wird, überprüft Google, ob sie den Bedingungen von Google entspricht. Ist dies nicht der Fall, müssen Sie entsprechende Änderungen vornehmen.

Google bietet umfangreiche Statistiken als Feedback zu Ihrer Anzeige und Informationen über die Keywords, die Sie in Ihrer Anzeige verwenden.

Anzeigen im Display-Netzwerk

Neben den klassischen AdWords-Anzeigen, die in den Google-Suchergebnissen aufscheinen, gibt es die Variante „Erscheinen im Display-Netzwerk". Hier erscheinen Ihre Textanzeigen auf Websites, die Google im Display-Netzwerk zur Verfügung stehen, wie z.B. Online-Medien, Foren, Blogs etc. Diese Anzeigen werden in der Nähe eines redaktionellen Beitrags eingeblendet und orientieren sich an dessen Inhalt. Es werden nur Anzeigen eingeblendet, die vom Kontext passen.

Diese Form der Werbung ist dann sinnvoll, wenn Sie nicht nur Menschen erreichen wollen, die nach etwas Konkretem suchen. Mit den Display-Netzwerk-Anzeigen können Sie Menschen mit Bezug zu Ihrem Content neugierig machen und dazu veranlassen, Ihre Website zu besuchen. Aus diesem Grund sind viele Anzeigen im Display-Netzwerk als Teaser gestaltet, wie z.B. „Machen Sie den Test!", „Sind Sie der A- oder der B-Typ"?, „Eine Studie belegt, dass …".

Remarketing

Mit „Remarketing" können Sie Google-AdWords-Anzeigen ganz speziell für Nutzer schalten, die bereits Ihre Website besucht haben. Dabei werden die

Interessen dieses Besuchers möglichst genau erfasst (z.B. hat der Besucher Funktionskleidung angesehen). Surft dieser Besucher nun auf eine andere Website, wird er dort wiedererkannt und genau mit seinen Interessen angesprochen, indem Ihre Anzeige mit Funktionsbekleidung eingeblendet wird. Der User wird so bewegt, wieder zu Ihrer Website zurückzukehren. Dies ist unter dem Aspekt sinnvoll, dass durchschnittlich sechs Kontakte erforderlich sind, bis aus einem Lead ein Kunde wird.

Achtung: So mancher Internet-Nutzer fühlt sich schnell von einer Anzeige „verfolgt", ohne dass er weiß, dass es sich hierbei um eine Remarketing-Aktion handelt.

VERGLEICH ZWISCHEN GOOGLE ADWORDS UND FACEBOOK ADS

→ Die Google-Suche verwenden auch Menschen, die nicht in Facebook aktiv sind.

→ Sie erreichen mit Google nur Menschen, die gezielt nach etwas suchen. Das macht aber nur dann Sinn, wenn Sie ein Angebot haben, von dem die Internet-Nutzer wissen bzw. vermuten, dass es so etwas überhaupt gibt. Es existieren aber auch viele Angebote, für die der Bedarf erst geweckt werden muss. Für diese Angebote haben viele User gar keinen Suchbegriff im Kopf, das heißt, es findet auch keine Google-Suche statt. In diesem Fall ist Facebook besser geeignet, um überhaupt einmal Bedarf zu schaffen.

→ Während Google AdWords nur auf konkrete Suchanfragen reagiert, wird bei Facebook die Anzeige aufgrund der definierten Zielgruppe und der hinterlegten Nutzerprofile automatisch eingeblendet.

→ Google AdWords funktioniert auf der Basis Ihres Keywords in Kombination mit der ausgewählten Region. Bei Facebook gibt es keine Keywords. Facebook blendet die Inserate entsprechend der definierten Zielgruppe ein. Die Möglichkeiten der Zielgruppen-Auswahl übertrifft jene von Google bei Weitem. Neben demografischen Kriterien sind bei Facebook auch psychografische und verhaltensorientierte Kriterien möglich.

→ Facebook bietet einen sozialen Kontext für die Werbeanzeigen. Wird eine Werbeanzeige auf einer Seite eingeblendet, mit der ein Freund bereits verbunden ist, erscheint unter der Werbeanzeige der Text „xy gefällt das". Dieser soziale Verweis entspricht also einer Weiterempfehlung, wie wir sie aus dem „normalen" Leben kennen.

→ Google hat nur ein Bezahlmodell: Pay-per-Click. Bei Facebook können Sie auswählen, ob Sie lieber Pay-per-Click oder Pay-per-Mille (Bezahlung je 1000 Einblendungen) möchten.

→ Facebook Ads liegen preislich deutlich unter den Preisen von Google.

Website-Controlling - Messen Sie Ihren Erfolg

Möchten Sie die Leistung Ihrer Website messen? Dann registrieren Sie sich bei Google Analytics. Dieser Service ist kostenlos: https://www.google.com/analytics.

Melden Sie dort Ihre Website an. Sie erhalten einen Code, der „UA-xxxxxxxx-x" lautet. Dieser dient der Zuordnung Ihrer Website zu Ihrem Google-Analytics-Konto. Diesen Code platzieren Sie in das dafür vorgesehene Feld auf Ihre Website. Dann ist das Analytics Tracking eingerichtet und Sie können bei Google Analytics in Ihrem Account nachsehen, wie viele Besucher Ihre Website hatte, welche Seiten angeklickt wurden u.v.m.

Google Analytics ist ein sehr mächtiges Tool, mit dem umfangreiche Analysen möglich sind. An dieser Stelle finden Sie daher nur einen Ausschnitt der häufigsten Auswertungen. Die Analysen beziehen sich immer auf einen frei wählbaren Zeitraum.

Was Sie mit Google Analytics messen können:

→ Anzahl der Sitzungen: Wie oft wurde Ihre Website in einem bestimmten Zeitintervall aufgerufen?

→ Anzahl der Nutzer: Wie viele unterschiedliche Nutzer haben Ihre Website aufgerufen? Daraus erkennt man die Anzahl der neuen und der wiederkehrenden Nutzer.

→ Anzahl der aufgerufenen Seiten insgesamt bzw. pro Sitzung: Wie viele Seiten werden pro Besuch aufgerufen? Je mehr Seiten aufgerufen werden, desto besser.

→ Durchschnittliche Sitzungsdauer: Gesamtdauer aller Sitzungen durch die Anzahl der Sitzungen. Je länger die Sitzungen im Durchschnitt dauern, desto besser.

→ Absprungrate: Anzahl der Besucher, die nur eine einzige Seite (meist die Startseite) öffnen, im Verhältnis zu allen Besuchern. Je niedriger die Absprungrate, desto besser. Gut sind Absprungraten bis 50 Prozent. Liegt die Absprungrate bei 70 Prozent oder darüber, sollten Sie die Situation analysieren und Maßnahmen treffen.

→ Informationen über die Nutzer: Land, Stadt, Sprache, Browser, Desktop, Mobil, Tablet

→ Akquise-Übersicht, wie die Nutzer auf die Website gekommen sind:
  – Organische Suche in den Suchmaschinen (welche Suchwörter)
  – Direkte Eingabe der URL
  – Über Links (von welchen Seiten?)
  – Über E-Mail-Aktionen (welche?)
  – Von Social-Media-Seiten (welche?)

→ Welche Seiten wurden besucht: gibt Auskunft darüber, welche Inhalte die Besucher am meisten interessieren.

→ Welche Seiten sind die häufigsten Ziel- bzw. Ausstiegsseiten: Auf welcher Unterseite steigen Ihre Besucher auf Ihrer Website ein und wo verlassen sie diese wieder?

Kapitel 5

Akquise mit E-Mail-Marketing

E-Mail-Marketing ist ein Basis-Instrument des Marketing 2.0. Gerade im Business-to-Business-Bereich stehen E-Mails in ihrer Bedeutsamkeit weit vor Social-Media-Plattformen wie XING, Facebook, LinkedIn und Co. Aus diesem Grund können Sie es sich keinesfalls leisten, auf dieses wichtige Instrument zu verzichten. Erfahren Sie in diesem Kapitel, wie Sie per E-Mail-Marketing das Vertrauen Ihrer Leads aufbauen und Sie beim Reifen zu Kunden begleiten.

Der Weg vom Lead zum Kunden

Bei der Internet-Akquise gilt: „Erst Vertrauen. Dann Kauf". So sind statistisch gesehen sechs bis zwölf Kontakte erforderlich, bevor ein Lead das erste Mal kauft. Es gibt wohl kaum ein anderes Instrument neben E-Mail-Marketing, das Ihnen die Möglichkeit bietet, diese Kontaktanzahl direkt und 1:1 zu erreichen.

E-Mail-Marketing ist wirkungsvoll, einfach umzusetzen und vor allem preiswert. Daher ist es für mittelständische Unternehmen das Medium erster Wahl. Wer auf E-Mail-Marketing verzichtet, verzichtet auf die Ernte. Sie säen zwar bei Ihrer Akquise übers Internet den einen oder anderen Samen, viel zu oft verflüchtigt sich dieser aber wieder, weil der Kontakt nicht gepflegt wird. Das Ergebnis: Sie verlassen den Acker, ohne die Ernte einzufahren! Mit regelmäßigem E-Mail-Marketing stellen Sie sicher, dass Sie die Ernte in Form von Umsatz auch tatsächlich einholen.

Leads und Kunden erwarten sich von ihrer Anmeldung zu einem Newsletter brauchbare Informationen. Erfüllen Sie diesen Wunsch! Bieten Sie ausschließlich relevante Inhalte. Nur so unterscheiden sich Ihre Mails von nervigen Spam-Mails!

Die Vorteile von E-Mail-Marketing

→ E-Mail ist meist das Erste, Letzte und Häufigste, was ein Nutzer im Internet ansieht.

→ E-Mail-Marketing heißt 1:1-Kommunikation mit Ihren Kunden und Leads auf dem direkten Weg – ohne Streuverluste.

→ E-Mail-Marketing bewirkt sofortige und unmittelbare Reaktionen.

→ E-Mail-Marketing macht Erfolge messbar.

→ E-Mail-Marketing ist gerade bei kleinen Budgets das Mittel erster Wahl.

→ E-Mail-Marketing ist eine Methode, wie Sie selbst aktiv werden können. Das ist ganz besonders dann wichtig, wenn Sie ein Angebot haben, das nicht bzw. kaum im Internet gesucht wird.

Wie E-Mail-Marketing funktioniert

E-Mail-Marketing verfolgt grundsätzlich zwei Ziele:

→ Leads zu Kunden zu machen

→ Kunden zu mehr Umsatz zu führen

Diese Ziele können Sie entweder unmittelbar erreichen – wenn Sie einen Webshop betreiben. Oder mittelbar – wenn Sie Angebote haben, die erklärungsbedürftig sind. In diesem Fall bahnen Sie per E-Mail einen persönlichen bzw. telefonischen Gesprächstermin an. Verkauft wird dann erst im Verlauf dieses Gesprächs.

E-Mail-Marketing ist das ideale Instrument, um Vertrauen aufzubauen. Gerade in der Internet-Akquise geht nichts ohne Vertrauen. Stellen Sie daher Ihr E-Mail-Marketing auf solide Beine und versenden Sie regelmäßig. Wie oft, hängt von Ihrem Angebot und Ihrer Zielgruppe ab. In den meisten Branchen ist eine E-Mail-Aussendung pro Monat das richtige Intervall, in anderen alle 14 Tage, in wieder anderen jedoch nur sechsmal im Jahr. Unter sechsmal im Jahr sollten Sie jedoch nicht versenden, da Ihre E-Mails sonst zu wenig wahrgenommen werden. Da nicht alle Empfänger jede Ihrer E-Mails öffnen, sollten Sie zumindest sechsmal pro Jahr präsent sein, damit Sie etwas bewegen können. Haben Sie Angebote, die sich rasch ändern, wie z.B. Mode, Warenhaus, Reisebüro? Dann dürfen Sie auch einmal pro Woche ein Mailing versenden, ohne Gefahr zu laufen, Ihre Empfänger zu verärgern. Das Wichtigste ist, dass jede dieser Mails für Ihre Zielgruppe tatsächlich relevant ist.

Wann ist E-Mail-Marketing erlaubt? - Rechtliche Aspekte

Die Rechtsvorschriften sind in den deutschsprachigen Ländern unterschiedlich. Die strengsten Regeln gibt es in Deutschland. Es gilt immer das Recht des Landes des Empfängers. Wenn z.B. ein österreichischer Unternehmer Mailings nach Deutschland sendet, muss er das deutsche Recht beachten. Sind Sie länderübergreifend aktiv? Dann orientieren Sie sich am besten an den deutschen Bestimmungen. Diese sind am detailliertesten ausgeführt und auch inhaltlich am strengsten. Wer sich an die deutschen Richtlinien hält, der ist auch in Österreich und in der Schweiz auf der sicheren Seite.

E-Mail-Marketing ist grundsätzlich rechtlich immer erlaubt, wenn der Empfänger dem Erhalt von Werbe-E-Mails zugestimmt hat. Wie diese Zustimmung zu erfolgen hat, ist in den deutschen Rechtsvorschriften ausführlich erläutert. In Österreich und der Schweiz gibt es dafür keine näheren Ausführungen. Eigene Kunden dürfen per E-Mail angeschrieben werden, ohne dass diese ausdrücklich zugestimmt haben.

Die geltenden Bestimmungen finden Sie in diesen Gesetzen:

→ Deutschland: § 7 Abs. 2 Nr. 43, Abs. 3 Gesetz gegen den unlauteren Wettbewerb (UWG)
→ Österreich: § 107 Abs. 2, Abs. 3 Telekommunikationsgesetz (TKG) 2003
→ Schweiz: Art. 3 Bundesgesetz gegen den unlauteren Wettbewerb
→ EU: Datenschutz-Grundverordnung 2018

In jedem Fall müssen Sie Ihren Empfängern immer die Möglichkeit geben, sich aus dem Verteiler auszutragen („Unsubscribe"). Auch ein Impressum ist überall Pflicht.

• •

Die aktuelle Rechtslage in Bezug auf E-Mail-Marketing in Deutschland, Österreich und der Schweiz finden Sie unter: www.eco.de/2014/pressemeldungen/leitfaden-fuer-mehr-sicherheit-im-e-mail-marketing.html. Die 56 Seiten starke Informations-Broschüre können Sie kostenfrei herunterladen.

• •

Arten von Mailings

Viele Menschen verwenden den Begriff „E-Mail-Marketing" als Synonym für „Newsletter-Marketing". Das Wort Newsletter hat in den letzten Jahren einen negativen Beigeschmack bekommen, weil oft langweilige, nicht relevante Inhalte per Newsletter versendet werden.

Gutes E-Mail-Marketing geht jedoch weit über einen Newsletter hinaus. Es ist aktionsbezogen und für die Zielgruppe höchst relevant. Aus diesem Grund unterscheiden wir zwischen „Akquise-Mailing" und „Newsletter".

Das Akquise-Mailing – Machen Sie Mailings zu Ihren Verkaufshelfern

Das Akquise-Mailing wird oft auch „Stand-alone-Mailing" genannt. Der Name kommt daher, dass es sich nur auf einen Anlass, ein Thema oder ein Angebot fokussiert. Es richtet die ganze Aufmerksamkeit des Lesers auf nur eine Sache. Ihr Leser erkennt auf einen Blick, worum es geht und was ihm Ihr Mailing bringt. Er wird nicht durch zu viele unterschiedliche Informationen abgelenkt. Es wirkt daher viel stärker als der klassische Newsletter, in dem meist verschiedene Themen oder Angebote enthalten sind.

Das Akquise-Mailing ist ideal, um Leads in Kunden zu verwandeln, Vertriebspartner zu motivieren und mit bestehenden Kunden mehr Umsatz zu machen. Das Akquise-Mailing spricht sowohl Problemstellung als auch Lösung direkt an. Die gesamte Energie ist in Richtung Handlungsaufforderung gerichtet. Durch die response-orientierte Ausrichtung erzielt das Akquise-Mailing deutlich mehr Anfragen bzw. Bestellungen als ein Newsletter. Es ist daher das Mittel erster Wahl, wenn Sie Leads in Kunden verwandeln wollen.

Ein Akquise-Mailing verlinkt entweder auf ein Antwortformular oder auf einen Webshop. Das Design erinnert an einen klassischen Werbebrief mit Bildern. Nützen Sie die Macht der persönlichen Verkaufsansprache. Fügen Sie mindestens zwei Interaktionslinks ein.

Schritt für Schritt vom Lead zum Kunden

Akquise-Mailings funktionieren stufenförmig. Von Stufe zu Stufe begleiten Sie Ihren Lead auf dem Weg zum Kunden.

Bauen Sie Vertrauen auf

Im ersten Schritt gilt es, Vertrauen aufzubauen und Sie als Experten bzw. Spezialisten ins rechte Licht zu rücken. Gehen Sie beim Vertrauensaufbau schrittweise und sanft vor. Verärgern Sie Ihre Leads nicht, in dem Sie zu viel von ihnen verlangen, wie z.B. eine sofortige Bestellung aus der E-Mail heraus ohne weitere Kontaktaufnahme.

Treten Sie in einen Dialog

Bieten Sie Ihren Lesern immer wieder die Möglichkeit, mit Ihnen in Kontakt zu treten. Geben Sie den Lesern dafür einen guten Grund. Ein guter Grund

131

ist ein „Dialog-Köder". Je attraktiver dieser Köder ist, desto mehr Response erhalten Sie. Ein Dialog-Köder muss sehr niederschwellig sein. Das bedeutet, er muss auch für Leser interessant sein, die noch keine unmittelbare Kaufabsicht haben. Beispiele sind etwa ein Gratis-E-Book, ein Link zu einem interessanten Bericht auf Ihrer Website oder eine Einladung zu einer Informations-Veranstaltung, wie z.B. zu einem Webinar.

Verkaufen Sie

Ist einmal das Eis gebrochen, ist der Leser auch bereit, eine höherschwellige Hürde zu nehmen, also eine Einladung zu einem persönlichen Gespräch am Telefon oder in seinem Büro anzunehmen. Läuft Ihr Verkaufsgespräch gut und passt das Angebot, dann verwandeln Sie den bisherigen Lead in einen Neukunden.

Was tun bei mehreren Themen?

Grundsätzlich steht bei einem Akquise-Mailing nur ein Thema im Vordergrund. Haben Sie mehrere unterschiedliche Themen, Aufhänger oder Problem-Szenarien? Dann präsentieren Sie jedes Thema in einem separaten Mailing.

Ist Ihre Lösung komplex (z.B. zwölf Funktionen einer Business Software)? Dann denken Sie an das „Elefanten-Prinzip": Wissen Sie, wie man einen Elefanten verspeist? Antwort: scheibchenweise. Genauso sollten Sie auch bei Ihren Mailings vorgehen. Teilen Sie eine komplexe Lösung in kleine Teil-Lösungen. Präsentieren Sie jede Funktion bzw. jeden Kunden-Nutzen in einem eigenen Akquise-Mailing. Im Verlauf der Kampagne lernt der Lead alle Aspekte kennen. Empfänger lesen grundsätzlich nur für sie relevante Nachrichten. Den einen interessiert eher die eine Funktion, den anderen eine andere. Danach erfolgt auch die Öffnung der jeweiligen Mails anhand des Betreffs. Würden zu viele Inhalte in einem Mailing präsentiert, dann könnte der Leser in drei bis zehn Sekunden den Inhalt gar nicht aufnehmen. Das Mailing würde keine Wirkung zeigen.

• •

BEISPIEL FÜR EINE SEQUENZ AN AKQUISE-MAILINGS FÜR EINE FINANZ-SOFTWARE

→ Mailing Januar: Funktion „Provisionsabrechnung"
→ Mailing Februar: Funktion „Stammdatenverwaltung"

- → Mailing März: Funktion „Customer Relationship (CRM)"
- → Mailing April: Funktion „Börse-Trends"
- → Mailing Mai: Funktion „Newsletter-Modul"
- → Mailing Juni: Funktion „Management-Informations-Funktion (MIS)"

BEISPIEL FÜR EINE SEQUENZ AN AKQUISE-MAILINGS FÜR EINE BERUFSUNFÄHIGKEITS-VERSICHERUNG

- → Mailing Januar: Warum Berufsunfähigkeits-Versicherung wichtig ist
- → Mailing Februar: Lebensstandard halten im Fall der Fälle
- → Mailing März: Keinem Angehörigen zur Last fallen
- → Mailing April: Berufsunfähigkeits-Versicherung speziell für Selbstständige
- → Mailing Mai: Berufsunfähigkeits-Versicherung speziell für Angestellte
- → Mailing Juni: Einladung zum Experten-Gespräch

• •

Haben Sie unterschiedliche Zielgruppen? Dann versenden Sie mehrere Akquise-Mailings mit unterschiedlichen Inhalten passend für die jeweilige Zielgruppe.

Der Newsletter – Betreiben Sie Kundenpflege auf der Höhe der Zeit

Der klassische Newsletter spricht drei bis fünf Themen oder Angebote an. Im Gegensatz zum Akquise-Mailing verfolgt der Newsletter eher ein Informations-Ziel denn ein Interaktions-Ziel. Der Newsletter hat nicht die Absicht, eine unmittelbare Reaktion auszulösen. Die einzelnen Beiträge eines Newsletters sind über „mehr Informationen" mit der Website verlinkt.

Wollen Sie Ihre Kunden auf unverbindliche Weise und ohne unmittelbare Verkaufsabsicht über Neuheiten in Ihrem Unternehmen informieren? Wenn Sie kein Geld für Druck und Porto ausgeben möchten, ist der Newsletter Ihr Medium erster Wahl.

Im Gegensatz zum Akquise-Mailing kommuniziert der Newsletter durch seinen umfangreichen Inhalt: „Hier kommt Information!" Der Newsletter arbeitet zwar auch auf der Vertrauensebene, ist aber für Nicht-Kunden ungeeignet. Zu viele verschiedene Beiträge lenken den Leser ab.

Was Sie per Newsletter erreichen:

→ Sie stärken die Kundentreue, insbesondere bei langen Wiederkauf-Intervallen.
→ Sie immunisieren Ihre Kunden gegenüber dem Mitbewerb.
→ Sie rufen sich immer wieder in Erinnerung.
→ Sie halten die Kunden auf dem Laufenden.
→ Sie lernen die Wünsche Ihrer Kunden kennen.

Inhalte und Struktur Ihrer Newsletter

Diese Inhalte bieten sich für Newsletter an:

→ Aktuelles: Branchenmeldungen, aktuelle Themen, News
→ Produkte: neue Funktionen, Verbesserungen, Anwenderberichte, Neueinführungen, Kunden präsentieren Problemlösungen, Zubehör
→ Intern: neue Mitarbeiter, neue Telefonnummer, Betriebsurlaub, neue Preisliste, neuer Katalog, Umzug, neue Website
→ Events: Messen, Kongresse, Fachtagungen, Terminkalender, Branchentermine
→ Externe Themen: Branchenklatsch, Trends, Expertenmeinungen zu aktuellen Fragen, geänderte Vorschriften
→ Lesetipps: Artikel in Zeitschriften, Wissenschaftsreports, Links zu Websites, Online-Expertentreffs

Erfolgreiche Newsletter sind strukturiert aufgebaut:

→ Drei bis fünf verschiedene Themen
→ Klarer grafischer Aufbau
→ In der Einleitung Ansprache in Briefform (Editorial)
→ Darunter drei bis fünf Artikel-Kästchen mit Text und Bild (die Kästchen wecken nur die Neugierde auf die Artikel, es darf nicht zu viel Text in einem Kästchen stehen)
→ Verlinkungen der Artikel zu Ihrer Website (weiter lesen), wo der Artikel komplett nachzulesen ist

Reaktivieren Sie inaktive Kunden per Newsletter

Warum kaufen Kunden nicht mehr? Es gibt dafür zwei Hauptgründe:

a) Der Kunden hat keinen Bedarf mehr.
b) Der Kunde hat Sie schlichtweg vergessen.

Falls a): Der Bedarf kann sich ändern. Neuer Bedarf kann entstehen. Auch wenn der Kunde Sie derzeit nicht (mehr) braucht, vielleicht empfiehlt er Sie ja weiter.

Falls b): Aus den Augen – aus dem Sinn. Ein altes Sprichwort. Vielleicht kauft auch Ihr Kunde heute schon anderswo, weil er Sie vergessen hat.

Lassen Sie gar nicht erst zu, dass Sie vergessen werden. Rufen Sie sich per Newsletter in Erinnerung!

Wie Sie Ihr Akquise-Mailing richtig aufbauen

Viele Menschen meinen, der Text sei das Wichtigste an einem Mailing. Ja, gute Texte sind wichtig. Aber gute Texte können nur erstellt werden, wenn zuvor der Inhalt strategisch erarbeitet wurde. Leider wird das oftmals vergessen. Zu rasch beginnt ein Verfasser eines Mailings nach den passenden Worten zu suchen. Der Inhalt, der der eigentliche Köder für den Empfänger ist, fällt vor lauter Wort-Tüftelei durch den Rost. Das Ergebnis ist ein Mailing, das nur so von Werbeformulierungen strotzt, in Wahrheit aber inhaltsleer und nichtssagend ist.

Beginnen Sie daher immer mit der Marketing-Basis. Ist die Basis fertig, folgt die Strukturierung des Mailings entlang eines roten Fadens. Erst dann geht es in einem nachfolgenden Schritt darum, das Mailing auszuformulieren.

Folgen Sie diesen acht Schritten, um die Marketing-Basis für Ihr Mailing zu erstellen:

1. Mailing-Ziel definieren
2. Mailing-Köder auswählen
3. Ausgangssituation der Leads analysieren
4. Das Alleinstellungs-Merkmal für die eigene Lösung finden
5. Die Kunden-Nutzen ableiten
6. An die Kaufmotive appellieren
7. Alternative Möglichkeiten des Leads ins Auge fassen
8. Überprüfen, ob alle unausgesprochenen Leserfragen beantwortet sind

1. Definieren Sie des Mailing-Ziel

Abhängig davon, wie weit die Vertrauensgewinnung bei Ihren Leads fortgeschritten ist, lassen sich drei Mailing-Ziele definieren:

Informations-Ziel

Das Informations-Ziel ist das niedrigschwelligste Ziel. Es steht meist am Anfang einer Kundenbeziehung per E-Mail.

Bei diesem Ziel besteht Ihr Anliegen darin, über Ihr Thema zu informieren, Bedarf für die von Ihnen angebotene Problemlösung zu wecken, Ihren Bekanntheitsgrad zu erhöhen und Ihr Marken- und Firmen-Image zu vermitteln.

Dialog-Ziel

Beim Dialog-Ziel geht es darum, mit Ihren Leads in einen Dialog zu treten. Das bedeutet, dass Sie die Leads zu einer Interaktion auffordern.

Verkaufs-Ziel

Das Anpeilen eines Verkaufs-Ziels macht nur dann Sinn, wenn Ihre Leads Ihr Angebot bereits kennen und keine weiteren Erklärungen für einen Kauf erforderlich sind.

2. Wählen Sie den Mailing-Köder

Wer einen Fisch angeln will, braucht einen Köder. Genauso ist es im E-Mail-Marketing. Möchten Sie eine Reaktion auf Ihr Mailing? Dann wählen Sie den zu Ihrem Mailing-Ziel passenden Reaktions-Köder. Je lukrativer der Köder für Ihre Leser ist, desto mehr Reaktionen erhalten Sie!

Haben Sie in der Vergangenheit auf ein Mailing (zu) wenig Reaktion erhalten, war vielleicht der Köder nicht attraktiv genug. Dann macht es Sinn, einen anderen Köder zu wählen. Einer der häufigsten Gründe, warum ein Mailing keinen Erfolg bringt, ist, dass der Köder zu hochschwellig angesetzt wurde. Besser ist es, zuerst einen niedrigschwelligen Köder anzubieten. Mit steigendem Vertrauen des Leads können Sie auch das Niveau des Köders anheben.

Dialog-Köder

Haben Sie sich den Eintritt in einen Dialog mit Ihrem Kunden zum Ziel gesetzt? Dann sollten Sie auch einen Dialog-Köder auswählen. Mit dem passenden Dialog-Köder bauen Sie Vertrauen auf und binden den Lead in einen Dialog ein. Bieten Sie Ihren Leads kostenlose Mehrwerte, die diese anfordern können:

→ (Insider-)Report, Erfahrungsbericht, Bericht über Referenz-Projekte, Fallstudie, Checkliste
→ Teilnahme an einem Gewinnspiel
→ Video (als Teil Ihres Know-hows und Vorgeschmack auf mehr)
→ Anonyme Teilnahme an einem Webinar
→ Teilnahme an einer Live-Info-Veranstaltung
→ Geschenk oder Gutschein – abzuholen bzw. einzulösen in einer Filiale
→ Experten-Info-Gespräch vor Ort, via Telefon, via Skype (hier geht es nicht um ein hochschwelliges Verkaufsgespräch!)

Völlig ungeeignet als Dialog-Köder sind solche Köder, die für den Lead erst einen Wert bekommen, wenn er zuvor einen Kauf tätigen muss. Leider werden diese Köder, z.B. in Form eines 50-Prozent-Gutscheins für die erste Beratung („statt 300 nur 150 Euro"), noch immer verwendet. Hier ist die Hemmschwelle für den Lead meist aber zu groß und er antwortet gar nicht. Besser ist es, hier ein halbstündiges Test-Coaching zum Preis von nur 19 Euro anzubieten. Bei 19 Euro riskiert der Lead nichts. Gefällt ihm das Test-Coaching, bucht er gerne weitere Coachings zum regulären Preis.

Köder für Webshop-Bestellungen

Während bei Dialog-Ködern Preisaktionen grundsätzlich tabu sind (ausgenommen ein 19 Euro Test-Coaching), sind Preisaktionen bei Webshop-Ködern ein absolutes Muss. Bieten Sie Ihren Leads

→ einen Gutschein im Wert von x Euro,
→ einen Rabatt,
→ eine Aktion 3 für 2,
→ eine sonstige Preisaktion.

Setzen Sie Ihre Leads unter Druck, indem Sie Ihr Angebot zeitlich oder mengenmäßig limitieren. Appellieren Sie geschickt an die menschliche Gier, versprechen Sie Anerkennung oder die Zugehörigkeit zu einer Community.

Welcher Köder ist der richtige?

Der richtige Köder ist der, der am besten geeignet ist, Ihre Leser dort abzuholen, wo sie gerade in puncto Vertrauen und Wissen um Ihre Angebote stehen. Wenn ein Köder Ihre Leser „überfordert", dann erfolgt keine Reaktion.

Es ist besser, eine Reaktion auf einen kleinen Köder (der Lead fordert z.B. eine kostenlose Fallstudie an) hervorzurufen, als keine Reaktion auf einen großen Köder (der Lead wünscht z.B. (noch) keinen Termin mit einem Außendienst-Mitarbeiter). Mit der Anzahl der Kontakte baut sich Vertrauen auf. Im Laufe der Zeit kann aus einem latenten Anliegen ein akuter Bedarf werden!

3. Analysieren Sie die Ausgangssituation Ihrer Leads

Bevor Sie ein Mailing verfassen, sollten Sie sich unbedingt in die Situation Ihrer Leser versetzen. Nur so können Sie Ihre Leser dort abholen, wo sie gerade stehen. Machen Sie das nicht, schreiben Sie an den Bedürfnissen Ihrer potenziellen Kunden vorbei.

Als Unternehmen haben Sie nur dann eine Daseinsberechtigung, wenn Sie entweder ein Problem Ihrer Kunden lösen oder einen ihrer Wünsche erfüllen. Überlegen Sie daher gut, welches Problem Ihr Unternehmen für seine Kunden löst bzw. welchen Wunsch es erfüllt.

Ist Ihr Unternehmen ein **Problemlöser**? Dann überlegen Sie:

→ Welche (latenten, akuten) Probleme bzw. Sorgen haben Ihre Leser?
→ Womit sind Ihre Leser unzufrieden?
→ Wie kann Ihr Angebot diese Probleme lösen?

Beispiele für Probleme in Unternehmen: zu wenig Umsatz, zu hohe Kosten, zu wenige Neukunden, Ineffizienz der Prozesse, zu teure Beschaffung, Fehlzeiten von Mitarbeitern, unklare Kostenrechnung, zu aufwändige Produktion, keine neuen Produkte, mangelnde Kapazitäten, mangelndes Knowhow.

Bei Privatpersonen: Geldsorgen, Verlustangst, Angst vor Arbeitslosigkeit, gesundheitliche Probleme, Partner-, Familienprobleme, Einsamkeit, mangelndes Selbstwertgefühl, mangelnde soziale Anerkennung, mangelnde Attraktivität am Partnermarkt.

Erfüllt Ihr Unternehmen **Wünsche**? Dann überlegen Sie:

→ Welche Wünsche, Träume haben Ihre Leser?
→ Wie kann Ihr Angebot diese Wünsche erfüllen?

Beispiele für Wünsche in Unternehmen: neue Märkte erschließen, Expandieren am Binnenmarkt und im Export, hoher Firmenwert, gutes Image, hoher Bekanntheitsgrad, Kundenzufriedenheit, Mitarbeiterzufriedenheit, solider Kundenstock, Auszeichnungen, Innovationsgeist, Corporate Social Responsibility.

Bei Privatpersonen: persönliche Freiheit, „neues Leben", finanziell abgesichert sein, Traumurlaub, Haus, Auto, Boot, harmonisches Familienleben, Freundschaft, eigenständig entscheiden, Romantik/Sex, soziales Prestige, genießen (gut essen und trinken), Zeit haben für sich selbst.

Wenn eine Ausgangssituation zugleich als Problem sowie als Wunsch gesehen werden kann, dann appellieren Sie an das Problem. Probleme zu lösen hat mehr Macht, als Wünsche zu erfüllen! Was tun Sie als Erstes, wenn Sie Zahnschmerzen haben: Rufen Sie beim Reisebüro an, um Ihren nächsten Urlaub zu buchen? Oder beim Zahnarzt? Eben.

Wenn Sie die Probleme bzw. Wünsche Ihrer Leser nicht kennen, können Sie an keinen Bedarf andocken und in der Folge nichts verkaufen. Im persönlichen Verkauf machen Sie eine Analyse der Probleme und eine Bedarfserhebung im Gespräch. Diese Möglichkeit haben Sie im E-Mail-Marketing nicht. Hier sollten Sie die wichtigsten Probleme bzw. Wünsche daher kennen, bevor Sie Ihr Mailing verfassen.

Wenn Sie absolut im Dunkeln tappen, fragen Sie Ihre bestehenden Kunden, warum Sie damals Kunden wurden. Oder befragen Sie einen Mitarbeiter an „vorderster Front", wie z.B. den Außendienst, welche Sorgen, Wünsche und Probleme an ihn herangetragen werden.

Falls Sie eine komplett neue Zielgruppe ansprechen wollen, dann analysieren Sie die Diskussionen in Zielgruppen-Foren oder starten eine Umfrage, z.B. bei XING oder Facebook.

4. Finden Sie das Alleinstellungs-Merkmal Ihrer Lösung

Kunden kaufen keine Produkte und Dienstleistungen, sondern Lösungen für ihre Probleme bzw. Dinge, die sie der Erfüllung ihrer Wünsche näherbringen! Verpacken Sie daher Ihr Angebot stets als *DIE LÖSUNG*.

Für viele Probleme und Wünsche gibt es bereits Lösungen am Markt. Jedoch ist nicht jede Lösung die passende. Erarbeiten Sie daher, warum ausgerechnet Ihre Lösung dazu geeignet ist, das Problem zu lösen bzw. den Wunsch zu erfüllen.

Vergleicht der Leser Ihre Lösung mit einer Alternative, dann streichen Sie hervor, in welchen konkreten Punkten Ihre Lösung besser ist und welches Alleinstellungs-Merkmal Ihre Lösung charakterisiert. Ihr Alleinstellungs-Merkmal muss auf wahren Ressourcen beruhen, sonst entpuppt es sich bald als Täuschung. In der Praxis erweisen sich viele „Alleinstellungs-Merkmale" gerne als Selbstverständlichkeiten oder Worthülsen. Vermeiden Sie diese unbedingt! Wenn Sie Argumente wie die folgenden bringen, bleibt Ihre Lösung austauschbar:

→ „Wir sind kompetent" – Was glauben Sie, behauptet Ihr Mitbewerber? Ist dieser auch kompetent? Eben.

→ „Wir haben die besten Preise" – Welcher ist der beste Preis?

→ „Wir haben freundliche Mitarbeiter" – Das sollte in jedem Unternehmen selbstverständlich sein.

→ „Wir haben jahrelange Erfahrung" – Wie lange ist „jahrelang"? Fünf, zehn oder 20 Jahre?

→ „Wir bieten optimalen Service" – Was versteht man unter „optimal"?

So erarbeiten Sie echte Alleinstellungs-Merkmale

Erarbeiten Sie die Stärken Ihres Angebots. Gehen Sie dabei wieder von den Problemen Ihrer Zielgruppe aus. Gibt es Probleme, die nur Sie lösen können? Gibt es einen Nutzen, der Ihr Angebot einzigartig macht?

Häufig liegt die Einzigartigkeit auch in der Spezialisierung auf eine bestimmte Zielgruppe. Damit verbunden ist auch Ihre Erfahrung in Bezug auf die Wünsche, Bedürfnisse und Probleme dieser Zielgruppe. Wenn kein anderer diese so gut kennt wie Sie, dann haben Sie ein perfektes Alleinstellungs-Merkmal.

Oft ist es nur ein winzig kleiner Unterschied, der Ihr Angebot besonders macht. Vergleichen Sie alle Produkt-Eigenschaften im Detail. Ist Ihre Lösung komplett neu am Markt oder handelt es sich dabei um eine Verbesserung eines bestehenden Produkts? In welchen Punkten ist Ihr Angebot anderen überlegen? Betrachten Sie dafür alle technischen Daten, alle Aspekte der Handhabbarkeit des Produkts, alle Kunden-Nutzen, alle Service-Aspekte und Prozessabläufe.

Haben Sie den springenden Punkt gefunden, der Ihr Angebot einmalig macht? Dann heben Sie diesen als Ihr Alleinstellungs-Merkmal hervor.

Ein Alleinstellungs-Merkmal kann übrigens auch sein, dass Sie ein durchaus vergleichbares Produkt marketingtechnisch von einer völlig neuen Seite betrachten. Und eine neue kreative „Verpackung" erfinden.

● ●

BEISPIEL FÜR EIN KREATIVES ALLEINSTELLUNGS-MERKMAL

Vor ein paar Jahren kam ein Gebäudereinigungs-Unternehmen zu mir und wollte mit mir ein Alleinstellungs-Merkmal erarbeiten. Der Chef dieses Unternehmens war von Beginn an sehr skeptisch: „Schauen Sie, wir alle tun nichts anderes als putzen und die Kunden wollen immer niedrigere Preise", sagte er.

Gemeinsam beleuchteten wir dann die Ressourcen dieses Unternehmens. Dabei stießen wir auf die relativ hoch qualifizierten Reinigungskräfte, die dort beschäftigt waren. Die meisten Mitarbeiterinnen waren Wiedereinsteigerinnen nach einer Babypause und sprachen alle sehr gut Deutsch. Auf Basis dieser Ressourcen schufen wir gemeinsam die „Bürohausfrau". Die Bürohausfrau ist eine Reinigungskraft, die mehr tut, als nur zu putzen. Sie übernimmt auch Einkäufe, stellt die Bewirtung für Firmenbesucher zusammen, saugt die Limousine des Chefs und bügelt sogar ein Hemd, wenn einmal dringender Bedarf ist. Wir bewarben dieses neue Angebot in einer Sequenz von Mailings. Das Kundeninteresse war groß und die Kunden waren auch bereit, für dieses einmalige Service mehr zu bezahlen.

Ein paar Monate später wandte sich ein weiteres Gebäudereinigungs-Unternehmen an mich. Auch dieser Unternehmer wollte ein Alleinstellungs-Merkmal erarbeiten. Wieder analysierten wir die Ressourcen. Hier waren es die „Flüster-

141

staubsauger", die eigens aus der Schweiz beschafft wurden. Daraufhin erfanden wir die „Unsichtbare Putzfrau". Die „Unsichtbare Putzfrau" reinigt während der Öffnungszeiten des Unternehmens. Sie ist besonders darauf geschult, möglichst geräuschfrei zu arbeiten und die Arbeitsabläufe im Unternehmen nicht zu stören. Die „Unsichtbare Putzfrau" wurde besonders gut von Unternehmen angenommen, die mit sensiblen Daten arbeiten, wie z.B. Rechtsanwälte oder Steuerberater. Diese Branchen geben den Büroschlüssel äußerst ungern an eine unbekannte Reinigungsfirma, die in der Nacht sauber macht.

● ●

Überlegen Sie auch, was die Stärken Ihres Unternehmens sind. Bei den Stärken eines Unternehmens geht es meist um Werte in Bezug auf die Zusammenarbeit mit den Kunden. Auch besondere Kompetenzen, Fertigkeiten, Technologien und Prozesse können Alleinstellungs-Merkmale begründen.

Warum soll der Kunde ausgerechnet bei Ihnen kaufen? Die Frage ist einfach, die Antwort fällt oft nicht leicht. Achten Sie darauf, dass Sie die passende Antwort immer bereit haben. Denn diese Frage stellt sich nicht nur der Empfänger eines Mailings, sondern auch ein potenzieller Kunde im Rahmen einer Netzwerkveranstaltung oder in einem Verkaufsgespräch.

In diesem Zusammenhang lohnt es sich auch, wieder einmal zu überlegen, wie Sie sich in einer Minute präsentieren möchten („Elevator Pitch"). Sie sollten in der Lage sein, knapp und klar zu erläutern, wer Sie sind, was Sie tun, was Sie von anderen unterscheidet, welchen Nutzen der Kunde davon hat und warum jemand bei Ihnen kaufen sollte.

5. Leiten Sie den Kunden-Nutzen ab

Bei den Alleinstellungs-Merkmalen haben wir auf Basis der Produkt-Eigenschaften die Vorteile Ihres Angebots erarbeitet. In einem zweiten Schritt müssen wir nun diese Vorteile aus der Sicht der Kunden betrachten. Bei einem Mailing kommt es darauf an, dass der Leser innerhalb von drei Sekunden seinen Nutzen erkennt. Daher müssen Sie die Angebots-Vorteile so in Kunden-Nutzen „übersetzen", dass der Empfänger sofort weiß, was ihm das Mailing bringt. Und so funktioniert es:

Einzigartige Produkt-Eigenschaften → Kunden-Nutzen

→ Wellpappe mit XY-Welle → in Offset-Qualität auf Wellpappe drucken

→ Wirkstoff XY → die schnelle Lösung bei Husten

Leistungen → Lösungen

→ Projektierung, Planung, Umsetzung aus einer Hand → Ihr schlüsselferti-ges Eigenheim in nur 6 Monaten

→ Coaching nach der XY-Methode → überzeugend bei jedem Meeting prä-sentieren

Kompetenzen → Referenzen

→ Zertifiziertes Fachunternehmen → Fotos von Referenzprojekten

→ Geprüfter Trainer → Meinungen von zufriedenen Kunden

Prozess-Faktoren → Ergebnis-Faktoren

→ Analyse, Evaluierung, Beratung, Bericht, Feedback → 30 Prozent weniger Produktionskosten in einem Jahr

→ Bild der Baustelle → Bild des fertigen Reihenhauses

Worthülsen → Zahlen, Fakten

→ Rasche Lieferung → Lieferung binnen 24 Stunden

→ Jahrelange Erfahrung → in 10 Jahren 140 Projekte erfolgreich fertigge-stellt

• •

BEISPIEL

Einer meiner Kunden ist Schwimmteichbauer und hat in Eigenregie ein Mailing gestaltet. Er verwendete dabei die folgenden Kunden-Nutzen:

→ Maßstabsgenaue Planung

→ Modernste Maschinen

→ Hochwertiges Material

→ Rasche Umsetzung

Dabei war das Foto eines Gartens, in dem gerade ein Schwimmteich ausgeho-ben wurde. Man sah einen verwüsteten Garten mit einer Grube, eine schwarze Kunststoff-Folie und einen Bagger. Daneben einen Berg Erde.

143

Das Mailing wurde ein Flop. Gemeinsam analysierten wir daraufhin sein Eigenbau-Mailing: Das Bild war abschreckend, denn wer will schon eine hässliche Baustelle in einem verwüsteten Garten? Diese „Kunden-Nutzen" interessierten die Leser nicht. Eine maßstabsgenaue Planung ist selbstverständlich. Was hat ein Gartenbesitzer davon, dass der Aushub mit einem modernen Bagger über die Bühne geht? Den meisten ist ein Aushub mit Schaufel genauso recht. Das hochwertige Material konnte der Leser auf dem Bild sehen. Wer jedoch kein Fachmann für Kunststoff-Folien ist, wird den Vorteil hier nicht erkennen. Die rasche Umsetzung war eine reine Worthülse, denn was bedeutet das konkret?

Gemeinsam entwickelten wir ein neues Mailing. Die neuen Kunden-Nutzen lauteten wie folgt:

→ Urlaubs-Feeling zu Hause
→ Abkühlung nach der Arbeit
→ Romantisch am Abend
→ Aufwertung des Grundstücks
→ Bis Ostern bestellen – Anfang Juni schwimmen

Wir änderten auch das Bild. Anstatt einer Baustelle nahmen wir einen fertigen Schwimmteich, an dessen Ufer ein Strandkorb stand. Daneben zwei Weingläser.

Diese Kunden-Nutzen waren nun für die Zielgruppe relevant und vermittelten noch dazu Emotionen. Wer möchte nicht einen Urlaub zwischendurch am eigenen Schwimmteich verbringen? Oder, wenn er im August verschwitzt von der Arbeit heimkommt, noch eine abkühlende Runde schwimmen? Durch dieses Facelifting machten wir aus einem Flop-Mailing ein Top-Mailing. Eine Sequenz von vier Aussendungen im Frühjahr reichte dem Schwimmteichbauer, um die ganze Saison über voll ausgelastet zu sein.

6. Appellieren Sie an die Kaufmotive

Die richtigen Kaufmotive haben die Macht, einen Leser zu einer Interaktion zu bewegen. Bauen Sie daher Kaufmotive, die Ihre Leser ansprechen, geschickt in Ihr Mailing ein.

Ein und dasselbe Produkt kann bis zu drei unterschiedliche Kaufmotive „bedienen". Schließlich kaufen die Menschen aus unterschiedlichen Gründen. Hier die zwölf Haupt-Kaufmotive, aus denen sich noch viele Untermotive ableiten lassen:

→ Finanzieller Vorteil: mehr Geld, weniger Kosten
→ Sicherheit: auch das Gegenteil von Angst, Sorge
→ Freiheit, Selbstverwirklichung
→ Glück: glücklich sein, alles, was der Einzelne unter Glück versteht
→ Bequemlichkeit, etwas vereinfachen
→ Zeit sparen
→ Prestige, soziale Anerkennung, Eitelkeit
→ Wohlfühlen, Spaß haben, genießen
→ Innovation: immer das Neueste besitzen, bei den Ersten dabei sein
→ Gesundheit
→ Soziales Mitgefühl, etwa bei Fund-Raising-Projekten
→ Sex, begehrt sein

Haben Sie die Kaufmotive entdeckt, die Ihre Leser ansprechen? Für die meisten Menschen ist diese Übung einfach. Schwierig jedoch ist es, die Kaufmotive geschickt in einem Text unterzubringen. Aus diesem Grund finden Sie hier auch ein paar Bespiele, wie Sie Ihr Kaufmotiv ansprechen. Die *kursiv* gedruckten Wörter sind die Schlüsselwörter.

Finanzieller Vorteil
→ Mit XY *sparen* Sie € 500 pro Jahr.
→ *Gewinnen* Sie 10 neue Kunden.
→ Sichern Sie sich *20 Prozent Rabatt*.

Sicherheit
→ Mit XY gehen Sie auf *Nummer sicher*.
→ *Sorgen* Sie jetzt gegen Berufsunfähigkeit *vor*.

Bequemlichkeit
→ Mit unserem Videokurs lernen Sie ganz *einfach und bequem* von zu Hause aus.

Innovation

➜ *Neu*: Mobiltelefon XY. Nutzen Sie als einer der Ersten in Deutschland das *innovativste* Gerät am Markt.

Soziale Anerkennung

Niemand gibt freiwillig zu, dass er sich etwas nur gekauft hat, um bei anderen Menschen Eindruck zu machen. Daher muss dieses Motiv ganz behutsam angesprochen werden.

➜ Diese wertvolle Uhr gibt es nur in einer *limitierten Stückzahl*. Sichern Sie sich *exklusiv* Ihr Vorkaufsrecht.

7. Fassen Sie alternative Möglichkeiten des Leads ins Auge

Hat Ihr Leser auch Alternativen zu Ihrem Angebot im Kopf? Oder stellt er sogar direkte Vergleiche mit Mitbewerbern an? Dann sollten Sie diese Alternativen in Ihrem Mailing vorwegnehmen. Wenn Sie das nicht tun, macht es Ihr Leser in seinem Kopf. Er denkt sich sofort: „Dafür habe ich schon eine Lösung. Das brauche ich nicht." Er bricht das Lesen ab.

Relevante Alternativen für den Leser:

➜ Nichts tun bzw. nichts kaufen: Der Zustand bleibt, wie er ist.
➜ Die bisherige Lösung weiter nutzen
➜ Vergleich mit einer anderen Variante: z.B. Schwimmteich oder Pool
➜ Vergleich mit dem Mitbewerber: z.B. Schwimmteich von Firma A oder von Firma B

Überlegen Sie gut, mit welchen Alternativen Ihre Leser Ihr Angebot vergleichen. Gibt es mehr als eine Alternative? Dann evaluieren Sie, welche Alternative davon die wichtigste ist. Am einfachsten geht das in einem Gespräch mit bestehenden Kunden. Sprechen Sie die wichtigste Alternative an. Sind mehrere Alternativen gleich wichtig, dann teilen Sie die Alternativen auf unterschiedliche Mailings auf. Sprechen Sie in Mailing 1 die Alternative A an, in Mailing 2 die Alternative B und in Mailing 3 die Alternative C.

Auch hier sind wieder kreative Formulierungen gefragt. Der Alternativen-Vergleich darf keinesfalls plump wirken.

TEXT-BEISPIELE FÜR EINEN ALTERNATIVEN-VERGLEICH

→ Nichts tun, nichts kaufen – der Kunden fährt zur Abkühlung an einen Baggersee:

„Wie kühlen Sie sich im Sommer ab? Fahren Sie an einen Baggersee oder gehen Sie ins Freibad? Am bequemsten ist ein eigener Schwimmteich im Garten ..."

→ Bei der bisherigen Lösung bleiben – der Kunde hat einen aufblasbaren Pool im Garten:

„Aufblasbare Pools sieht man heute in vielen Gärten. Aber ist das nicht ein Fremdkörper, der gar nicht n Ihren schönen Garten passt? Ein eigener Schwimmteich fügt sich perfekt in das natürliche Ambiente Ihres Gartens ein ..."

→ Direkter Mitbewerber – der Kunde kauft bei einem anderen Schwimmteichbauer:

„Folgende Vorteile unterscheiden uns von anderen Schwimmteichbauern am Markt ..."

• •

Wichtig: Vergleichen Sie Ihr Angebot niemals mit dem des Mitbewerbers, wenn Ihre Leser den Mitbewerber gar nicht kennen!

Latente Vorbehalte

Mit latenten Vorbehalten ist es ähnlich wie mit Alternativen, die der Leser in Erwägung zieht. Auch wenn Sie Vorbehalte einfach unter den Tisch fallen lassen – Ihr Leser hat sie trotzdem im Kopf. Werden diese Vorbehalte nicht aufgelöst, lehnt er Ihr Angebot ab. Sprechen Sie diese daher (latent) an und entkräften Sie sie. Latente Vorbehalte sind z.B.:

→ Woher haben Sie meine E-Mail-Adresse?
→ Das kenne ich doch schon!
→ Das brauche ich nicht!
→ Das bringt mir nichts!
→ So viel Geld habe ich nicht!
→ Ist das überhaupt seriös?
→ Die wollen mich bloß abzocken!

Auch bei den Vorbehalten kommt es auf die geschickte Formulierung an. Daher finden Sie auch hier wieder ein paar Beispiele.

Wichtig: Gehen Sie auf latente Vorbehalte nur dann ein, wenn auch tatsächlich welche bestehen!

8. Überprüfen Sie, ob alle unausgesprochenen Leserfragen beantwortet sind

Der Leser stellt sich bei Erhalt eines Mailings üblicherweise eine Reihe von Fragen, die sogenannten Unausgesprochenen Leserfragen. Achten Sie bei der Vorbereitung Ihres Mailings darauf, dass Sie auf alle diese Fragen Antworten bei der Hand haben. Nicht immer sind alle Leserfragen relevant. Wenn ein Leser von Ihnen schon das zehnte Mailing bekommt, wird er sich hoffentlich nicht mehr fragen: „Wer ist das, der mir da schreibt?"

Unausgesprochene Leserfragen:

→ **Wer schreibt mir?** Aus dem Absender sollte der Empfänger erkennen, wer ihm schreibt. Ist das Mailing geöffnet, findet der Leser im Header-Balken Ihr Firmenlogo und Ihren Firmennamen. Sind Sie Experte, dann müssen im Header-Balken ein Bild von Ihnen und Ihr Name stehen.

→ **Was will der von mir?** Aus dem Betreff soll der Empfänger sofort erkennen, worum es geht.

→ **Warum schreibt der gerade mir?** Die Überschrift im Mailing zeigt dem Leser, worum das Mailing ihn betrifft.

→ **Habe ich Bedarf daran?** Beschreiben Sie die Ausgangssituation des Lesers. Gehen Sie auf seine Probleme ein, ohne jedoch das Wort „Problem" zu nennen. Oder zeigen Sie dem Leser, dass Sie seine Wünsche kennen.

→ **Wie habe ich diesen Bedarf bisher gelöst?** Gehen Sie auf die relevanten Alternativen des Lesers ein.

→ **Was bringt mir das Angebot?** Zeigen Sie dem Leser seine Kunden-Nutzen in übersichtlicher Form.

→ **Wer beweist mir das?** Verweisen Sie auf zufriedene Kundenstimmen auf Ihrer Website. Oder erwähnen Sie die Anzahl an zufriedenen Kunden bzw. erfolgreichen Projekten direkt im Mailing.

→ **Wie kann ich mehr erfahren?** Arbeiten Sie mit Links zu Ihrer Website oder zu einer Landing Page. Geben Sie auch eine E-Mail-Adresse und eine Telefonnummer an, unter der Sie erreichbar sind.

→ **Was soll ich nun tun?** Sagen Sie dem Leser klipp und klar, was er zu tun hat, auf welchen Link bzw. Button er zu drücken hat, wenn er ein bestimmtes Ergebnis auslösen möchte. Die Leser lieben solche Erklärungen, weil sie sich damit rascher zurechtfinden.

Lassen Sie keine möglichen Fragen und keinen latenten Vorbehalt unbeantwortet. Das verärgert den Leser. Er ist nicht bereit, sich für Sie den Kopf zu zerbrechen, sondern straft Ihr Mailing einfach mit Ignoranz!

Der rote Faden – So geben Sie Ihrem Mailing eine lesefreundliche Struktur

Was haben alle erfolgreichen Mailings gemeinsam? Es ist der rote Faden, der dem Mailing Struktur gibt. Die Struktur dient dazu, dass sich der Leser innerhalb von drei bis zehn Sekunden zurechtfindet und erkennt, was das Mailing ihm bringt und warum er eine Handlung setzen soll.

Der rote Faden führt den Leser durch den Inhalt. Er holt ihn dort ab, wo er gerade steht. Niemand wartet auf ein Mailing. Es kommt immer unerwartet. Daher müssen Sie den Leser zunächst einmal ins Bild setzen. Am besten, indem Sie ihm seine Ausgangssituation, also sein Problem bzw. seinen Wunsch, vor Augen führen. Danach nehmen Sie Bezug auf mögliche Alternativen bzw. latente Vorbehalte. Damit erreichen Sie, dass der Kopf des Lesers frei für Neues ist. Jetzt präsentieren Sie ihm Ihr unwiderstehliches Angebot und heben alle Kunden-Nutzen auf ein Podest. Schließlich führen Sie, bildlich gesehen, seine Hand zur Maus. Es reicht ein Klick, um eine Anfrage an Sie zu richten bzw. um in Ihrem Webshop zu bestellen.

Der Mailing-Raster – In nur einer Stunde zum Top-Mailing

Wie lange brauchen Sie, um ein gutes Mailing zu verfassen? Ist es Ihnen schon einmal passiert, dass Sie vor einem weißen Bildschirm saßen und beginnen wollten? Dann aber nicht den passenden Einstieg gefunden haben? Sie haben das Mailing auf den nächsten Tag verschoben, dann wieder um einen Tag, um eine Woche und schließlich haben Sie dieses Mailing gar nicht realisiert?

Wenn Sie mit dem roten Faden arbeiten, geht Ihnen Ihr nächstes Mailing sehr rasch von der Hand. Machen Sie sich mit dem nachfolgenden Mailing-Raster vertraut.

Der Mailing-Raster orientiert sich am roten Faden. Er enthält fünf Segmente. Jedes Segment steht dabei für einen Absatz. Mit „Absatz" ist in diesem Zusammenhang ein Inhaltselement gemeint. Das heißt, ein „Absatz" kann auch aus zwei bis drei typografischen Absätzen bestehen.

Mailing-Raster

1. Ausgangs-Situation (Problem, Wunsch)

2. Bisherige Lösung, Latente Vorbehalte

3. Neue Lösung

4. Kunden-Nutzen

5. Call-to-Action

Ganz wichtig: Die fünf Inhaltselemente sind logisch gereiht! Ändern Sie kenesfalls die Reihenfolge!

1. Ausgangssituation: Problem, Wunsch

Um den Leser abzuholen, muss er sich mit dem Mailing identifizieren können: „Warum soll ich das lesen?" Rütteln Sie den Leser wach, indem Sie entweder eines seiner (latenten) Probleme aufgreifen oder einen Wunsch in ihm wecken. Verwenden Sie keinesfalls das Wort „Problem" wörtlich!

Textbeispiel: „Kennen Sie diese Situation …?" „Haben Sie … schon einmal bemerkt?" „Kommt Ihnen … bekannt vor?"

2. Bisherige Lösung, Nachteile der bisherigen Lösung

Hier müssen Sie dem Leser zeigen, wie die bisherige Lösung ausgesehen hat und warum diese keinen Erfolg gebracht hat bzw. bringt. Es darf ruhig leicht schmerzen.

Ist keine bisherige Lösung relevant, können Sie auch gerne in Richtung Mitbewerber abzielen, in dem Sie von „herkömmlichen" Lösungen sprechen.

Hier ist auch der richtige Platz, um auf latente Vorbehalte einzugehen. Schaffen Sie es hier nicht, die Gedanken des Lesers von „alles ok" zu „reif für Neues" zu schwenken, fehlt diesem auch die Motivation, sich für Ihre neue Lösung zu interessieren.

Textbeispiel: „Vielleicht haben Sie schon Maßnahme XY versucht, jedoch ohne Erfolg?"

Achtung: Hat der Kunde von sich aus weder eine andere Lösung im Kopf noch hegt er latente Vorbehalte, so lassen Sie dieses Inhaltselement einfach weg.

3. Neue Lösung (Beschreibung)

Beschreiben Sie Ihre Lösung in zwei bis drei ganzen Sätzen. Heben Sie die Einmaligkeit Ihrer Lösung hervor. Lassen Sie in dieses Inhaltselement die Kaufmotive einfließen.

Textbeispiel: „Entdecken Sie neue …" „Erfahren Sie, wie Sie …" „Sparen Sie jetzt …"

4. Kunden-Nutzen der neuen Lösung (punktuell)

Listen Sie die Kunden-Nutzen Ihrer Lösung auf! Am besten in Form von Aufzählungspunkten. Diese unterbrechen den Fließtext, lockern auf und erhöhen dadurch die Aufmerksamkeit beim Leser.

Textbeispiel: „Ihre Vorteile: … (Aufzählungspunkte)" „Was Ihnen … bringt: (Aufzählungspunkte)"

5. Aufforderung zur Reaktion (Call-to-Action)

Sagen Sie dem Leser, dass er sich JETZT um das Problem bzw. den Wunsch kümmern muss, wie er handeln muss und wie er mit Ihnen Kontakt aufnehmen soll.

Haben Sie im Unterkapitel „Wie Sie Ihr Akquise-Mailing richtig aufbauen" die Inhalte Ihres Mailings erarbeitet? Dann bringen Sie diese nun mit dem Mailing-Raster in Struktur.

Am besten schreiben Sie pro Inhaltselement ein paar Stichworte. Vermeiden Sie es unbedingt, schon hier ganze Sätze zu formulieren. Wenn Sie Ihr Augenmerk auf die Formulierungen richten, verlieren Sie sehr schnell den roten Faden. Also notieren Sie an dieser Stelle erst einmal Stichwörter für jedes Inhaltselement. Im Unterkapitel „Mailing-Texte müssen in erster Linie verständlich sein" widmen wir uns dann den Formulierungen.

BEISPIELE

EDV-Unternehmen - Dezember-Verkauf an Business-Kunden

Welche EDV-Ausrüstung steht auf Ihrer Firmen-Wunschliste? Neue Drucker, Server oder top-aktuelle Notebooks für den Außendienst?

Als EDV-Expertin weiß ich: Eine professionelle Unternehmens-Lösung finden Sie nicht im Handel. Da ist fachliches Know-how gefragt. Schließlich sollen alle Teile Ihrer EDV-Ausrüstung genau Ihren Anforderungen entsprechen – und perfekt zusammenarbeiten.

Unternehmen begehen oft den Fehler, Ihre EDV zu spät zu erneuern. Doch warten Sie nicht länger mit Ihrer Bestellung! Erhöhen Sie die Leistungsfähigkeit Ihrer EDV! Wenn Sie bis zum 31.12. zuschlagen, sparen Sie zusätzlich Steuern!

Ich biete Ihnen diese Auswahl – mit über 40.000 Artikeln aller namhaften IT-Marken – inklusive Spezialangeboten und -lösungen für Unternehmen.

Sichern Sie sich jetzt Top-Markenprodukte mit Hersteller-Garantie! Aktuelles Dezember-Angebot:

→ Produkt 1 für nur X Euro →bestellen (Link)

→ Produkt 2 für nur X Euro →bestellen (Link)

→ Produkt 3 für nur X Euro →bestellen (Link)

Haben Sie Interesse, Herr/Frau „Name"? Wählen Sie aus den besten Produkten aller namhaften Hersteller wie Marke 1, Marke 2, Marke 3 usw.

Warten Sie nicht länger zu – bestellen Sie rechtzeitig vor Jahresende. Sichern Sie sich mein Business-Class-Service: persönliche Beratung, die keine Fragen offen lässt – und bessere Preise und Konditionen als im Abholmarkt. weitere Informationen (Link)

Fachverlag an Geschäftsführer

Arbeitskräfte als freie Mitarbeiter statt als angestellte Arbeitnehmer zu beschäftigen, wird immer risikoreicher. Die Finanzämter überprüfen die Steuererklärung jedes freien Mitarbeiters. Was aber, wenn Sie zu oft als Auftraggeber auftauchen? Dann kann es schnell passieren, dass Ihr Unternehmen mit Steuernachzahlungen und Geldbußen belegt wird. Ebenso Sie persönlich als Geschäftsführer.

Die dauernde Unabhängigkeit freier Mitarbeiter zu kontrollieren, liegt in der Verantwortung des Geschäftsführers. Die gesetzlichen Änderungen der letzten Jahre machen es jedoch schwer, den Überblick zu behalten.

Damit Sie Probleme mit dem Fiskus vermeiden, hat <Firmenname> für Sie einen speziellen Ratgeber entwickelt: „Das Handbuch für Geschäftsführer: Freier Mitarbeiter oder Arbeitnehmer".

Testen Sie diesen nützlichen Ratgeber unverbindlich 30 Tage lang! Sie finden darin Hilfestellung:

→ Für die richtige Klassifizierung der Arbeitnehmer
→ Für die Anstellung eines freien Mitarbeiters als Arbeitnehmer
→ Für die Abgabe der Lohnsteueranmeldungen

Sich hinsichtlich finanzieller Ansprüche abzusichern, hat für Sie als Geschäftsführer höchste Priorität. Sichern Sie sich daher „Das Handbuch für Geschäftsführer: Freier Mitarbeiter oder Arbeitnehmer" – Ihr essenzieller Begleiter, um sich im Gesetzesdschungel zurechtzufinden und Ihr Unternehmen erfolgreich zu führen!

Bestellen Sie daher noch heute Ihr persönliches Exemplar zur Ansicht. Zur Bestellung (Link)

• •

Mailing-Texte müssen in erster Linie verständlich sein

Beim Mailing geht es vor allem darum, mit geschriebenen Worten zu verkaufen. Die richtigen Worte haben die magische Macht, Ihre Leser zum Kauf zu bewegen!

Jeder von uns ist heute mit 3.000 Werbeimpulsen pro Tag konfrontiert. Allerdings nehmen wir nur zwei Prozent davon wahr. Der Rest ist „Werbeoverflow", also Werbung, die uns gar nicht bewusst erreicht. Die Aufmerksamkeit, die wir einem Mailing entgegenbringen, liegt bei maximal zehn Prozent. Das bedeutet, dass ein Mailing wirklich durchdacht gestaltet und getextet werden muss, um bei zwei Prozent aller wahrgenommenen Werbeimpulse mit dabei zu sein. Ist es einmal wahrgenommen, dann muss es so einfach formuliert sein, dass der Leser mit nur zehn Prozent seiner Aufmerksamkeit versteht, worum es geht und warum er reagieren soll.

Wenn Ihr Mailing Ihrem Lead zugestellt wird, dann durchläuft es vier Phasen, die darüber entscheiden, ob Ihre Nachricht sofort gelöscht wird oder Sie vielleicht einen dicken Auftrag an Land ziehen.

Öffnungs-Phase

Innerhalb von nur ein bis drei Sekunden entscheidet der Leser, ob er Ihre E-Mail öffnet oder ungelesen in den Papierkorb verschiebt. Die durchschnittliche Öffnungsquote liegt bei etwa 20 Prozent. Das heißt, jeder fünfte Empfänger öffnet Ihre E-Mail.

Ausschlaggebend dafür, ob Ihre E-Mail geöffnet wird, sind der Absender und der Betreff. Je bekannter Sie als Absender sind, desto eher wird Ihre E-Mail geöffnet. Verwenden Sie als Absender entweder Ihren Firmennamen oder den Namen Ihrer Marke. Sind Sie Experte oder Künstler, nutzen Sie Ihren eigenen Namen. Sind Sie Mitarbeiter in einem Unternehmen, dann bleiben Sie besser beim Firmennamen, sofern der Unternehmensname bekannter ist als Ihr eigener Name.

Eine besondere Bedeutung kommt dem Verfassen eines wirkungsvollen Betreffs zu. Ein Betreff soll kurz und knackig sein. Wichtig ist, dass er gut in das Betreff-Fenster passt (ideal sind circa 40 Zeichen Länge). Die ersten 16 Zeichen sind die wichtigsten, da wir den Betreff von links nach rechts lesen. Das Wichtigste sollte immer zuerst stehen.

Ein Betreff erhält auch eine unterschiedliche Bedeutung, je nachdem, welches Wort an erster Stelle steht.

● ●

ÄHNLICHE BETREFFZEILE – UNTERSCHIEDLICHE BEDEUTUNG

→ **Praxisbericht**: Social Media für Senioren → Hier steht der Praxisbericht im Vordergrund.

→ **Social Media** für Senioren – Praxisbericht → Dieser Betreff spricht am ehesten Menschen an, die sich mit Social Media beschäftigen.

→ **Für Senioren**: Social-Media-Praxisbericht → Von diesem Betreff fühlen sich Senioren besonders angesprochen.

● ●

Hier finden Sie ein paar Patentrezepte, wie gute Betreffzeilen aufgebaut sein sollen.

Die Neugier-Formel

Wecken Sie mit dem Betreff die Neugierde des Empfängers. Antworten findet der Leser in der E-Mail selbst. Lenken Sie die Neugier immer zuerst auf das Öffnen des Mailings, nicht auf das Angebot.

• •

Bei den Wörtern in **<Klammer>** handelt es sich um Schlüsselwörter, die Neugierde wecken.

➜ **<Die X besten Wege>:** „Die 3 besten Wege, Neukunden zu gewinnen"

➜ **<X gute Gründe>:** „10 gute Gründe, warum Sie XY kennenlernen sollten"

➜ **<Gratis-Report>:** „Gratis-Report: 7 tödliche Fehler bei XY"

➜ **<Video>:** „Neues Video „21 Diät-Tipps für Männer"

➜ **<?>:** „Wissen Sie schon: ...?"

➜ **<Prozent>:** „95 Prozent aller Unternehmen nutzen XY als ... Ihrer Wahl"

➜ **<Unparadoxes>:** „Sparen Sie 8.592 Euro im Jahr"

➜ **<Einladung>:** „Ihre Einladung zu ..."

➜ **<Neu>:** „Neu: Webinar, wie Sie ..."

• •

Die Ergebnis-Formel

Die Ergebnis-Formel arbeitet mit drei Komponenten:

➜ Antizipiertes Ergebnis: Ein antizipiertes Ergebnis ist ein bereits eingetroffener Erfolg. Das antizipierte Ergebnis ist in unserem Beispiel mit dem Schwimmteich der fertige Teich. Die Baustelle, die zuvor im Flop-Mailing abgebildet war, ist kein antizipiertes Ergebnis, sondern ein Prozess.

➜ Akzeptable Zeit

➜ Kein Risiko

• •

➜ „Nichtraucher in 30 Tagen oder Geld zurück"

➜ „Personal-Engpass binnen 24 Stunden gelöst. Garantiert!"

➜ „Schwimmen im eigenen Teich in nur 6 Wochen. Garantiert."

• •

Personalisieren des Betreffs

Wenn Sie Ihren Betreff personalisieren, dann treiben Sie damit die Öffnungsrate in die Höhe. Allerdings nur, wenn nicht jedes Mailing an Herrn Meier
personalisiert ist. Drei personalisierte E-Mails an denselben Empfänger pro
Jahr sind das richtige Maß.

→ „Die 5 besten Angebote für Sie, Herr Meier"

→ „Persönliche Einladung für Herrn Meier zur Probefahrt"

Testen des Betreffs

Woher wissen Sie, dass ein Betreff gut ist? Sagt Ihnen das Ihr Bauchgefühl?
Oder zählen Sie auf die Meinung des Chefs oder der Kollegin? Es kommt
nicht darauf an, dass der Betreff gefällt, sondern dass er wirkt. Möchten Sie
ganz objektiv wissen, welcher Betreff der Beste ist? Dann testen Sie.

Kann Ihre E-Mail-Versand-Software einen A/B-Split-Test machen?
Wenn ja, dann verfassen Sie zwei unterschiedliche Betreffzeilen. Versenden
Sie ein und dasselbe Mailing mit dem Betreff A an zehn Prozent Ihrer Empfänger und mit dem Betreff B an weitere zehn Prozent. Sehen Sie drei Stunden nach dem Versand in der Statistik nach, welcher Betreff mehr Öffnungen
hatte. Versenden Sie dann das Mailing mit dem besseren Betreff an die ver-
bliebenen 80 Prozent der Empfänger. Mit dieser Methode optimieren Sie
Ihre Öffnungsraten. Ein A/B-Split-Test ist sinnvoll ab 1000 E-Mail-Adressen, da Segment A und B mindestens jeweils 100 E-Mail-Adressen umfassen
sollten, um einen aussagekräftigen Wert zu liefern.

ACHTUNG, SPAMGEFAHR! WAS SIE IM BETREFF VERMEIDEN SOLLTEN

→ GROSSBUCHSTABEN

→ Sonderzeichen: @, &, ? , $, § , ! , ? ,= ,( ), J

→ Aktion, Angebot, Achtung

→ Bestellen, Benachrichtigung, Billig

→ Chance, Diät, Discount, Download, Erfolg, Erotik

→ Fan, Geil, Glückwunsch, Gewinn, Gewinnen, Geschenk, Gratis

→ Inklusive, Jetzt, Jubelpreise, Knaller, Konkurrenzlos, Kostenlos

→ Preis, Preiswert, Probieren, Profitieren, Problem

→ Rendite, Reduzierung, Spaß, Sex, Sparen, Super, Schnäppchen

→ Top, Traum, Wettbewerber, Willkommen, Wichtig, Wunsch

Wie Sie erkennen können, bedeutet die Verwendung mancher Wörter eine Gratwanderung zwischen Werbewirkung und der Gefahr, im Spam zu landen. Um Wirkung zu erzielen, kommen Sie um das eine oder andere Wort nicht herum. Achten Sie dabei aber darauf, dass Ihr Betreff maximal ein spamverdächtiges Wort beinhaltet. Die meisten Spamfilter bewerten Nachrichten nach einem Punktesystem. Meistens rutscht ein verdächtiges Wort nach diesem System durch.

Screening-Phase

„Screening" bedeutet so viel wie „Überfliegen des Mailings und nach Brauchbarem suchen". Das Screening dient zur Orientierung: „Ist die Information für mich relevant?", „Kann ich diese Information brauchen?", „Was bringt mir diese Information?"

Die Screening-Phase reicht von Sekunde vier bis zehn. Ausschlaggebend beim Screening ist zunächst der erste Eindruck. Das Mailing muss aufgrund seiner optischen Aufbereitung sympathisch wirken. Daher sind bildhaft gestaltete Mailings auch vorteilhafter als reine Text-Mailings. In den knapp sieben Sekunden Screening überfliegt der Leser nur die Überschriften und Bilder. Wenige Schlüsselreize in Form von Text und Bild müssen dem Leser sagen, warum es sich lohnt, sich näher mit dem Mailing zu beschäftigen.

Der Leser muss dabei seinen eigenen Nutzen erkennen, damit er in der nächsten Phase bereit ist, den Text gänzlich zu lesen. Achten Sie darauf, dass die Leser die wichtigsten Inhalte auch dann erkennen können, wenn die Bilder nicht angezeigt werden!

Beim Screening findet noch kein Lesen im engeren Sinne statt. Der Leser überfliegt das Mailing und nimmt dabei folgende Elemente wahr:

→ **Logo:** Es sollte links oben platziert sein, weil 90 Prozent der Leser das Logo eben dort suchen.

- → **Header-Balken:** Der Bildbalken befindet sich ganz oben im Mailing und transportiert Emotionen und Image.
- → **Hauptüberschrift:** Ist das Mailing einmal geöffnet, sieht der Leser den Betreff nicht mehr. Daher braucht er zur Orientierung eine Hauptüberschrift. Die Hauptüberschrift ist der erste Text, der gescreent wird. Es gelten hier dieselben Regeln wie für den Betreff. Meistens ist die Hauptüberschrift dem Betreff sehr ähnlich. Hier haben Sie jedoch die Möglichkeit, etwas länger zu formulieren. Üblich sind zwei Zeilen: Hauptüberschrift und Unterüberschrift.

Betreff: Neuer #Autoname # – jetzt testen!
Überschrift: Der neue #Autoname # ist da!
Jetzt einsteigen und einen Tag lang gratis testen!

Ist das Mailing länger, können Sie auch mit Gliederungs-Überschriften arbeiten.

- → **Ansprache:** Ein Mailing soll immer einen persönlichen Charakter haben. Sprechen Sie daher Ihre Leser mit deren Namen an. Bei Double-Opt-In wird meist kein Name erfasst, weil Opt-In-Adressen anfangs lieber anonym bleiben. In diesem Fall verwenden Sie einen Ersatznamen, der die Zielgruppe bezeichnet. Z.B. „Seminar-Teilnehmer", „Marketing-Freunde", „Weinkenner" und Ähnliches mehr.

ANSPRACHEN VON EIGENEN KUNDEN

Nichts liest jemand lieber, als seinen eigenen Namen. Wenn er richtig geschrieben wurde.

- → Sehr geehrte/r Herr/Frau Titel Nachname,
- → Guten Tag, Vorname Nachname,
- → Hallo, Herr/Frau Nachname!
- → Hallo, Vorname!
- → Liebe/r Herr/Frau Nachname!
- → Liebe/r Vorname!

Sprechen Sie Ihre Empfänger grundsätzlich mit „Sie" an. Duzen ist nur in bestimmten Zielgruppen üblich, wie z.B. bei Snowboardern, Surfern, Bergsteigern etc. In jedem Fall müssen Sie als Absender sich auf gleicher Augenhöhe befinden wie der Angeschriebene. Die Ansprache darf nicht von oben herab klingen. Dasselbe gilt für Jugendjargon.

→ **Bilder**: Präsentieren Sie Ihre Lösung in Form eines Bildes. Platzieren Sie das Bild in einer Bild-Text-Box. Geben Sie links ein Bild, rechts einen Text, der Ihr Angebot erklärt. Ein Bild ist immer ein Blickfang. Ihr Angebot kommt daher besonders gut zur Geltung.

→ **Buttons**: Auch Buttons und Links sind ein Blickfang. Zwei Buttons bzw. Links sind in jedem Mailing ein Muss. Es dürfen auch gerne mehr als zwei sein, solange Sie damit die Leser nicht verwirren.

→ **Unterschrift**: Der Leser möchte wissen, mit wem er es zu tun hat. Setzen Sie daher unbedingt Ihren Namen an das Ende des Mailings. Es reicht der Name in Druckbuchstaben, da der Internet-Nutzer das auch so aus persönlichen E-Mails kennt. Die Person, die „unterschreibt", sollte auch für den Kunden erreichbar sein. Grundsätzlich ist es immer besser, wenn nur eine Person die Verantwortung für das Mailing übernimmt. Ein konkreter Name ist auch besser als das „ABC-Team".

Lese-Phase

Erst nach zehn Sekunden beginnt der Empfänger mit dem eigentlichen Lesen des Textes. Hat es Ihr Mailing nicht in diese Phase geschafft, so war Ihr Werbetext leider umsonst. Der Leser nimmt sich in der Lese-Phase maximal 20 Sekunden Zeit, um sich mit Ihrem Mailing auseinanderzusetzen. In dieser knappen Zeit muss es Ihrem Mailing gelingen, den Leser zu einer Handlung zu bewegen.

Die wichtigste Texter-Regel überhaupt lautet: Ihr Mailing muss leicht verständlich sein. Das Gebot der Stunde lautet also, das Sprachniveau möglichst niedrig anzusetzen. Die bekannteste Regel ist hier KISS – „Keep it short and simple". Auf gut Deutsch: „Schreiben Sie kurz und einfach". Überlegen Sie immer, wie viel der Leser vom Text verstehen kann, ohne sich dabei konzentrieren zu müssen. Denn wer konzentriert sich schon gerne, wenn es sich um Werbung handelt?

Wenn Sie sich an eine Zielgruppe mit hohem Bildungsgrad wenden, etwa Akademiker, dann setzen Sie das Sprachniveau an, als ob Sie einem Studenten schreiben würden. Handelt es sich bei Ihrer Zielgruppe um Menschen mit Abitur bzw. Matura, dann setzen Sie das Sprachniveau bei einem Grundschulabschluss an. Sprechen Sie Menschen vorwiegend mit Grundschulabschluss an, dann texten Sie wie für ein zehnjähriges Schulkind. Wenn Sie diese Regel beachten, verstehen Ihre Leser Ihr Anliegen auch „im Vorbeigehen", also mit nur zehn Prozent ihrer Aufmerksamkeit.

Das Auge nimmt nur einzelne Blickpunkte (Fixationen) wahr und springt dabei in $^1/_{50}$-Sekunde von Zeile zu Zeile. Erst das Gehirn baut das Erfasste dann zu einem sinnvollen Ganzen zusammen. Aus diesem Grund ist es sehr wichtig, dass Ihr Mailing gut strukturiert ist. Die Struktur führt das Auge von Blickpunkt zu Blickpunkt.

Auf http://textinspektor.de können Sie Ihren Text kostenlos auf Verständlichkeit prüfen lassen.

Reaktions-Phase

Zeigen Sie Ihren Lesern, dass Sie auf eine Reaktion warten. Wer weiß, ob der Leser sonst von alleine darauf kommt? Wenn Sie eine Reaktion möchten, dann müssen Sie Ihren Lesern einen guten Grund dafür geben und ihnen das Reagieren so einfach und bequem wie möglich machen.

Reaktion = Reaktions-Köder + Reaktions-Druck

Über den Reaktions-Köder haben wir bereits ausführlich gesprochen. Jetzt geht es darum, wie Sie Reaktions-Druck ausüben.

→ **Zeitlicher Druck:** „Das Angebot ist nur gültig bis x.x.xxxx!" (Die Frist sollte einen Tag bis maximal eine Woche betragen.)

→ **Mengenmäßiger Druck:** „Das Angebot ist auf 50 Stück limitiert."

→ **Klar definierte Expertentage:** „Gratis-Infotage nur am <Wochentag>, xx.xx, am <Wochentag>, yy.yy und am <Wochentag>, zz.zz."

→ **Preis-Erhöhung:** „Morgen erhöht sich der Preis um 10 Prozent."

→ **Herdentrieb:** „10 Facebook-Freunde haben schon bestellt."

Die meisten Leser lieben Antwort-Buttons, weil diese auch klar aus dem Mailing hervorstechen. Da aber nicht bei jedem Browser Bilder (auch ein Button ist ein Bild) angezeigt werden, sollte eine der Verlinkungen auch eine reine Text-Verlinkung sein. Ideal sind zwei Buttons und eine Text-Verlinkung. Die Verlinkungen sind wichtig für die spätere Erfolgsmessung des Mailings. An den Klicks können Sie die Klickrate messen.

● ●

BEISPIEL FÜR EINE TEXT-VERLINKUNG

Hier können Sie uns antworten:

➔ Bitte senden Sie mir kostenlos und unverbindlich die Fallstudie „Architektur in Hanglage". (Link zu Antwortformular)
➔ Bitte kontaktieren Sie mich für ein unverbindliches, persönliches Gespräch. (Link zu Antwortformular)

● ●

Wenn Sie eine konkrete Anfrage oder eine Anmeldung zu einer Veranstaltung möchten, dann verlinken Sie unbedingt zu einem Antwortformular. Je einfacher es ist, seine Anfrage bzw. seine Anmeldung abzuschicken, desto mehr Leads nehmen auch mit Ihnen Kontakt auf. Wenn sich auf Klick nur ein E-Mail-Programm, wie z.B. Outlook, öffnet und der Leser erst selbst einen Anfragetext verfassen muss, schreckt das viele ab. Sie verzichten dann lieber auf eine Anfrage.

Möchten Sie Ihren Lesern mehr Information zu einem Thema bieten, dann reißen Sie das Thema in der E-Mail kurz an, wecken Neugierde und verlinken dann zum eigentlichen Beitrag auf Ihrer Website bzw. in Ihrem Blog.

Wenn Sie wollen, dass Leser Ihrer Mailings diese viral im Internet verbreiten, dann fügen Sie unbedingt die Social Media Sharing Buttons am Ende des Mailings hinzu. Damit können Ihre Leser Ihr Mailing in Facebook, XING, Google+ und Co. einfach auf Knopfdruck verbreiten.

Weitere Texter-Tipps finden Sie in Kapitel 3 unter „So optimieren Sie Texte für das Internet".

Das Mailing-Design - Wiedererkennbarkeit auf einen Blick

In der Screening-Phase kommt es darauf an, dass sich Ihre Leser innerhalb von sieben Sekunden in Ihrem Mailing zurechtfinden. Ihre Leser müssen sofort erkennen, worum es im Mailing geht und was es Ihnen bringt, sich näher damit zu beschäftigen.

Grafisch gestaltete Mailings leisten in puncto Screening und Orientierung eindeutig mehr als reine Text-Mailings. Um die Screening-Phase möglichst einfach und für den Leser angenehm zu gestalten, wählen Sie eine Struktur, die der Leser bereits gelernt hat. Die meisten Leser wissen schon aus Erfahrung, an welcher Stelle in einem Mailing üblicherweise welche Information steht. Diese erlernten Strukturen helfen, Mailings schneller zu erfassen. Das geht aber nur, wenn Ihr Mailing diese Struktur auch einhält. Es macht wenig Sinn, bei der Gestaltung allzu viel Kreativität einfließen zu lassen. In sieben Sekunden kann der Empfänger keine neue Struktur lernen. Da lässt er es lieber gleich bleiben und löscht Ihre E-Mail.

Die gelernte Struktur eines E-Mailings sieht folgendermaßen aus:

- → Header-Balken: Logo links, Imagebild rechts
- → Überschrift
- → Ansprache: Sehr geehrte …
- → Eventuell Editorial: Foto des Absenders links, persönliche Ansprache rechts
- → Textteil
- → Button
- → Bildbox: Bild links, Aufzählungspunkte mit den wichtigsten Kunden-Nutzen rechts
- → Textteil
- → Button
- → Textlink
- → Social Media Sharing Links
- → Abmelde-Link
- → Impressum

Erklärungen zu den einzelnen Elementen finden Sie in diesem Kapitel unter „Die E-Mail-Design-Vorlage (Template)".

Wie Sie ansprechende E-Mailings selbst erstellen

Möchten Sie Ihr E-Mail-Marketing auf professionale Beine stellen? Dann kommen Sie um eine spezielle E-Mail-Versand-Software nicht herum. Nur mit einer solchen Technik können Sie optisch ansprechende E-Mails erstellen und versenden. Optisch ansprechende E-Mails haben eine deutlich höhere Erfolgsquote. Aber nicht bei jedem Empfänger öffnen sich die Bilder automatisch. Aus diesem Grund sollten Sie diese drei Tipps berücksichtigen:

→ Bieten Sie ganz oben in der Mail einen Link „Webansicht". Damit kann der Empfänger auf die Originalansicht im Internet wechseln.

→ Verwenden Sie nicht zu viele Bilder. Sorgen Sie dafür, dass der Empfänger einen spannenden Text vorfindet, auch wenn die Bilder nicht angezeigt werden.

→ Versenden Sie Ihre Mailings im dualen Modus: HTML für alle Empfänger, die HTML empfangen können. Reines Text-Mail für alle anderen. Die Umstellung zwischen HTML und Text erfolgt bei guten Versand-Systemen automatisch je nach Empfänger.

● ●

E-MAIL-VERSAND-SOFTWARE

Um ansprechende E-Mailings zu erstellen, benötigen Sie eine E-Mail-Versand-Software. Am besten wählen Sie eine Lösung, mit der Sie nicht nur E-Mails versenden können, sondern eine All-in-one-Lösung. Mit einer All-in-one-Lösung können Sie zugleich auch Datenbanken verwalten sowie Landing Pages und Autoresponder erstellen.

Es gibt bereits einige All-in-one-Lösungen auf dem Markt. Ich empfehle Lead Motor (http://lead-motor.com) und Clever Reach (http://www.cleverreach.de). Beide Programme sind made in Germany, bieten einen guten Support und funktionieren sehr ähnlich. Abhängig von der Anzahl der E-Mails, die Sie pro Monat versenden möchten, empfehle ich das eine oder andere Produkt. Clever Reach ist bis 250 E-Mail-Adressen gratis. Wer Lead Motor dauerhaft nützen möchte, kann das für 540,– pro Jahr bei einer Flatrate von bis zu 20.000 versendeten E-Mails pro Monat (Stand 12/2017). Buchleser erhalten Lead Motor zum Vorzugspreis von 390,– pro Jahr über den Link: https://lead-motor.com/magic-mailings-webinar/. Ein Vergleich der Softwareprodukte befindet sich auf www.comstratega.at/technik-tools/. Bei beiden Lösungen gibt es Video-Tutorials mit genauen Gebrauchsanleitungen.

Mit einer E-Mail-Versand- oder All-in-one-Lösung erstellen Sie Ihre E-Mail-Aussendungen in zwei Schritten:

→ Einmalig: Sie erstellen eine Design-Vorlage (Template): Dafür benötigen Sie in etwa zwei bis drei Stunden.
→ Regelmäßig: Sie nehmen für jede Aussendung diese Vorlage zur Hand und befüllen sie für das jeweils aktuelle Mailing mit Texten und Bildern. Auch der Versand erfolgt aus diesem Programm heraus. Der Aufwand für das Befüllen beträgt in etwa eine Stunde pro Mailing.

Die E-Mail-Design-Vorlage (Template)

Die Design-Vorlage ist Ihr E-Mail-Briefpapier. Das Design lehnt sich meist an das Ihrer Website an. Ziel ist es, mit einem bestimmten Design auch die Wiedererkennbarkeit der einzelnen Mailings sicherzustellen. Der Empfänger soll auf einen Blick erkennen, dass es sich dabei um ein Mailing von Ihnen handelt.

Diese Design-Vorlage wird einmal im E-Mail-Versand-Programm erstellt und im Anschluss für jedes Mailing verwendet. Das sichert die durchgängige Wiedererkennbarkeit Ihrer Mailings.

Bei modernen E-Mail-Versandlösungen können Sie das Design mit einfachen Funktionen selbst erstellen. Sie brauchen dafür weder einen Programmierer noch Grafiker. Auch eine Änderung des Designs ist möglich.

Spannend sind auch bewusste Abweichungen vom eigenen Standard-Design. Hier sind besonders saisonale Abweichungen, wie z.B. ein Briefpapier für Weihnachten oder für Ostern, beliebt. Wir sprechen dabei von Stil und Amplitude. Im Prinzip soll der Stil der Vorlage immer gleich aussehen, um eben die Wiedererkennbarkeit zu garantieren. Manchmal, etwa bei besonderen Anlässen, sind aber kleine Abweichungen (Amplitude) sinnvoll, um auch hin und wieder für einen Überraschungseffekt zu sorgen. Die Abweichung muss aber im Rahmen des Stils bleiben, um die Empfänger des Mailings nicht zu verwirren.

Bestandteile des Templates

Basisdesign: Die ideale Breite für Mailings beträgt 600 bis 640 Pixel. Das Design lehnt sich an das der eigenen Website an. Das ist sehr wichtig, da ja die Inhalte eines Mailings meist mit der eigenen Website verlinkt werden. Achten Sie darauf, dass Sie Ihr Corporate Design in Ihren Mailings weiterführen.

➡ Ein Mailing sollte einspaltig gestaltet sein. Ein sogenannter Marginalien-Rand, z.B. auf der linken oder rechten Seite, lenkt zu sehr vom eigentlichen Thema ab.

➡ Wenn der Leser eine E-Mail öffnet, sieht er zu Anfang meist noch keine Bilder. Diese werden erst kurz später vom Leser oder automatisch nachgeladen. Wichtig ist, dass der Leser auch schon in dieser Phase Inhalt zu sehen bekommt. Das funktioniert am besten mit Texten. Verwenden Sie Bilder in Ihren Mailings daher eher sparsam.

Header-Banner: Das Logo sollte links, das Imagebild rechts platziert werden. Der Banner soll 600 bis 640 Pixel breit und 150 bis 250 Pixel hoch sein.

Flächen für Fließtext: Definieren Sie hier die Farben, mit denen Sie arbeiten wollen. Ideal ist weiß oder hellgrau als Hintergrund. Eine dunkle Schrift auf hellem Grund lässt sich leichter lesen als umgekehrt. Achten Sie bei der Formatierung Ihres Textes darauf, dass „linksbündig" eingestellt ist. Linksbündige Texte können am schnellsten erfasst werden. Vermeiden Sie unbedingt zentrierte und rechtsbündige Fließtexte. Auch Blocksatz sieht in einem Mailing nicht gut aus. Ein automatisch eingerichteter Blocksatz führt zu unschönen Löchern zwischen den Wörtern.

Platzieren von Bildern: Platzieren Sie alle Bilder entlang derselben Vertikal-Achse. Das heißt, setzen Sie alle Bilder entweder links (im Blickverlauf etwas besser als rechts) oder rechts vom Text. Wechselnde Positionen der Bilder, also einmal links und einmal rechts vom Text, sorgen für unnötige Unruhe.

Kästchen für Bilder und Fakten: Heben Sie die wichtigsten Elemente in Form eines Kästchens hervor. Das kann entweder eine farbige Umrandung oder Unterlegung von Bild und Text sein. Ideal ist die klassische Bild-Text-Box, wo auf einem farblich hinterlegten Feld links ein Bild eingebaut ist und rechts davon ein besonders wichtiger Text. Dazu kommt ein Button bzw. ein Text-Link um eine Reaktion zu fordern.

Bereiche für punktuelle Aufzählungen: Achten Sie darauf, dass Sie immer auch einen Absatz oder ein Kästchen für punktuelle Aufzählungen zur Verfügung haben. Da die Kunden-Nutzen vorrangig durch Aufzählungspunkte hervorgehoben werden, ist es gut, wenn diese auch optisch hervortreten. Idealerweise geben Sie die punktuellen Aufzählungen der Kunden-Nutzen in die Bildbox rechts vom Bild.

Klar definierte Farben für Hintergrund, Schrift und Links: Definieren Sie die Hintergrundfarbe Ihres Mailings. Ist etwa das Textfeld hauptsächlich weiß, können Sie den Hintergrund (Bildschirmbereich links, rechts und unterhalb des Mailings) grau oder in einer anderen neutralen Farbe einfärben. Für die Schrift wählen Sie am besten zwei verschiedene Farben: Schwarz oder Grau für den Fließtext, Rot oder eine andere Schmuckfarbe für die Überschriften. Hier haben Sie die Möglichkeit, Ihre Firmenfarbe in Szene zu setzen. Damit die Links als solche erkennbar sind, sollten Sie ihnen ebenfalls eine eigene Farbe zuordnen.

Schriftgrößen für Überschrift und Fließtext: Definieren Sie eine Schriftgröße für die Überschrift, z.B. 14 Punkt, und eine für den Fließtext, z.B. 11 Punkt.

Interaktions-Bereich: Denken Sie unbedingt an eigene Bereiche für Interaktions-Links bzw. Buttons. Ideal sind zwei Links im Bereich des Fließtextes plus ein Link in einem eigens hervorgehobenen Interaktions-Bereich am Ende des Mailings.

Social Media Sharing Links: Ähnlich dem Interaktions-Bereich, fügen Sie auch am Ende Ihres Mailings einen Bereich mit Social Media Sharing Links ein. Hier kann der Leser auf einen Link klicken und das Mailing mit seinen Freunden auf Facebook oder anderen Social-Media-Plattformen teilen.

Abmelden vom Newsletter: Ein sogenannter „Unsubscribe-Link" ist von Gesetzes wegen Pflicht. Der Abmelde-Button dient dazu, dass sich ein Leser mit nur einem Klick aus dem Verteiler austragen kann.

Impressum: Auch das Impressum ist gesetzlich vorgeschrieben. Inhaltlich ist das Impressum vergleichbar mit dem Impressum einer Website.

Befüllen der Design-Vorlage mit Texten und Bildern

Haben Sie Ihre Vorlage erfolgreich erstellt? Dann speichern Sie diese ausdrücklich als Vorlage bzw. Template ab.

Wenn Sie nun eine aktuelle Aussendung machen, nehmen Sie diese Vorlage zur Hand. Erstellen Sie aus der Vorlage einen „Entwurf" für Ihr aktuelles Mailing. Verknüpfen Sie diesen Entwurf mit der Adress-Datenbank, an die Sie versenden wollen. Fügen Sie den von Ihnen gewählten Betreff in das dafür vorgesehene Feld.

Befüllen Sie nun Ihre Vorlage mit Texten und Bildern. Am besten haben Sie die Texte schon vorweg in einem Schreibprogramm erstellt und setzen diese nun durch kopieren + einfügen in die E-Mail-Vorlage ein.

Formatieren Sie in einem nächsten Schritt Ihr Mailing so, dass es gut strukturiert erscheint. Ein guter Tipp ist, nach jedem inhaltlichen Abschnitt eine Trennlinie einzufügen oder den nächsten Abschnitt farblich anders zu hinterlegen. Abschließend setzen Sie die Verlinkungen zu Ihrer Website bzw. Landing Page, fügen Interaktions-Buttons und Links ein. Vor dem Versenden testen Sie, ob alles passt, indem Sie ein Test-Mailing an Ihre eigene E-Mail-Adresse senden. Dann klicken Sie auf „Versenden". Hier können Sie einstellen, wann der Versand erfolgen soll.

VERWENDUNG VON BILDERN IN EINEM MAILING

Bilder stellen eine emotionale Beziehung zum Text her. Damit Bilder wirken, müssen sie zum Inhalt des Mailings passen. Überlegen Sie die Bildauswahl genau. Verwenden Sie keine „abgedroschenen" Bilder (z.B. Händeschütteln für gute Geschäftsbeziehung, ...). Was immer gut ankommt, ist ein Bild des Absenders. Wenn Sie Experte sind, ist ein Bild von Ihnen Pflicht. Ebenso sollten Anbieter von Seminaren immer ein Bild des Seminarleiters einbauen. Das erhöht die Buchungsquote enorm.

Verlinken Sie zu einem Video? Dann setzen Sie ein Vorschaubild für dieses Video in das Mailing ein. Das Video selbst steht dann auf Ihrer Website, auf YouTube oder einer anderen Plattform. Auch Videos steigern die Klickrate stark.

Sind Sie auf der Suche nach guten Bildern zum kleinen Preis? Dann kaufen Sie Bilder bei einer Bilddatenbank. Diese haben eine riesige Auswahl an Bildern zu jedem Thema. Über die Suchfunktion finden Sie rasch ein passendes Sujet. Nach dem Kauf für wenige Euro dürfen Sie die Bilder verwenden. Vermeiden Sie Ärger, der noch dazu teuer zu stehen kommt, indem Sie Bilder aus dem Internet klauen. Der Arm des Gesetzes ist bei Bilderklau erfahrungsgemäß sehr lang.

Gute Bilddatenbanken: fotolia.de, pixelio.de, istockphoto.com, shutterstock.de

E-Mail-Adressen sammeln und pflegen

Ohne Adressen läuft im E-Mail-Marketing zwangsläufig gar nichts. Aber wussten Sie auch, dass die E-Mail-Adressen 60 Prozent des Erfolgs einer Mailing-Aktion ausmachen? Im E-Mail-Marketing bezeichnen wir eine Sammlung von Adressen als „Liste". In Kapitel 2 „Leads generieren" haben Sie gesehen, wie Sie hoch qualifizierte E-Mail-Adressen mittels Landing Page generieren. Nun sehen wir uns an, worauf es bei den Adressen ankommt, damit Ihr E-Mail-Marketing zum Erfolg wird:

→ **Qualität:** In puncto Qualität zählt alleine die Nähe und der Bezug zu Ihrem Angebot (= Relevanz). Ein Indiz für die Qualität sind die Öffnungs- und Klickraten. Je höher diese beiden Raten sind, desto besser sind Ihre Adressen. Ein weiteres Indiz ist die Abmelderate. Je weniger relevant Ihre Mails für Ihre Leads sind, desto höher ist die Abmelderate.

→ **Aktualität** und technische Zustellbarkeit: E-Mail-Adressen ändern sich rasch. Wenn Sie daher nicht regelmäßig neue E-Mail-Adressen generieren, wird Ihre Liste immer kleiner. Sie erkennen die Aktualität Ihrer E-Mail-Adressen an der Quote der nicht zustellbaren E-Mails bezogen auf alle versendeten Adressen. Wir sagen in der Fachsprache „Bounces" dazu.

→ **Rechtliches:** Jede Adresse muss nachweisbar dem Empfang von Werbe-E-Mails zugestimmt haben, eine Ausnahme sind nur die eigenen Kunden (siehe „Wann ist E-Mail-Marketing erlaubt? – Rechtliche Aspekte")

Grundsätzlich gilt im E-Mail-Marketing das „Gesetz der großen Zahl". Dabei geht es um eine statistische Wahrscheinlichkeitsrechnung. Es besagt:

1. Je mehr Adressen, desto mehr Kontakt-Möglichkeiten haben Sie.
2. Je mehr Kontakte erzielt werden, desto mehr Reaktionen sind zu erwarten.
3. Je mehr Reaktionen kommen, desto mehr Kunden, Aufträge, Umsatz können Sie erzielen.

Der Effekt des „Gesetzes der großen Zahl" wird in der Vertriebsliteratur auch als „Schlagzahlenmanagement" beschrieben. Die Kernaussage des Schlagzahlenmanagements ist, dass Quantität mehr Bedeutung hat als Qualität. Deshalb ist es so wichtig, dass Sie einen möglichst großen Verteiler haben.

169

Aufbau eines Verteilers

Vergessen Sie nicht auf den Verteiler mit dem größten Erfolgspotenzial – Ihre eigenen aktiven und inaktiven Kunden. Diese Kontakte kennen Sie und Ihre Angebote bereits. Das heißt, für diese Zielgruppe sind Ihre Mailings höchst relevant. Von Ihren eigenen Kunden sollten Sie auch die E-Mail-Adressen haben. Auch dürfen Sie an eigene Kunden ohne vorhergehende Zustimmung E-Mails versenden (siehe „Wann ist E-Mail-Marketing erlaubt? – Rechtliche Aspekte").

• •

ACHTUNG

Hände weg von gekauften E-Mail-Adressen! Zustimmungen zum Erhalt von Mailings richten sich immer nur an ein konkretes Unternehmen. Gekaufte Adressen haben möglicherweise dem Verkäufer zugestimmt. Keinesfalls jedoch Ihnen. Daher ist der Versand an gekaufte E-Mail-Adressen gesetzeswidrig. E-Mail-Adressen können Sie nur selbst im Opt-In-Verfahren generieren. (Siehe dazu Kapitel 2 „Leads generieren")

• •

Die einzige Möglichkeit, legal fremde E-Mail-Adressen zu nützen, ist das sogenannte **Listbroking**. Listbroking ist ein Vermittlungsgeschäft durch einen Listbroker zwischen dem Eigentümer einer Liste und einem Mieter ebendieser Liste. Listbroking wird von den großen Adress-Verlagen angeboten, die auch Postadressen vermieten.

Der Eigentümer einer Liste hat im Double-Opt-In-Verfahren das Einverständnis zum Versand von E-Mails von den Empfängern erhalten. Das heißt, der Eigentümer darf an diese Liste ganz legal E-Mails versenden. Dieser Eigentümer kann aber auch ganz legal Inhalte von anderen Personen unter seinem eigenen Absendernamen versenden. Allerdings darf er die Adressen dabei physisch nicht aus der Hand geben. Ausgenommen, er überlässt den Versand einem konzessionierten Dritten, dem Listbroker.

Der Listbroker steht auf der anderen Seite in Kontakt mit dem Mieter. Der Listbroker versendet die Inhalte des Mieters an die Adressen des Vermieters. Dafür bezahlt der Mieter ein Entgelt auf Basis der Anzahl der Adressen. Oft stellt der Listbroker auch im Auftrag des Mieters E-Mail-Adressen aus verschiedenen Listen unterschiedlicher Eigentümer zusammen. Berücksichtigt werden dabei demografische und psychografische Merkmale der Zielgruppe. Natürlich erhält auch der Eigentümer der Adressen ein Entgelt pro versendete E-Mail-Adresse. Listbroker nehmen Aufträge ab einem Mindestvolumen von 10.000 E-Mail-Adressen an. Üblicherweise handelt es sich bei Listbroking um private E-Mail-Adressen.

Erfolgsstatistik – Testen und messen Sie sich zu noch mehr Erfolg

Wie erfolgreich war Ihre E-Mail-Aussendung? Was interessiert Ihre Leser wirklich? Testen und messen Sie es. Mit einer geeigneten E-Mail-Versand-Lösung erfahren Sie ganz genau, worauf Ihre Leser anspringen.

Nicht alle Leser reagieren sofort. Warten Sie bis zu fünf Tage nach dem Versand und sehen Sie sich dann die Statistik an. Erkennen Sie anhand der Werte, in welchen Bereichen Sie bereits Erfolge verbuchen können und wo Sie noch Optimierungs-Potenzial haben.

Messwerte im E-Mail-Marketing

Aussendungsbezogene Messgrößen

→ **Anzahl** der versendeten Adressen

→ **Zustellbaren-Rate:** Quote der zustellbaren E-Mails bezogen auf alle versendeten Adressen.

→ **Unzustellbaren-Rate („Bounce-Rate"):** Quote der nicht zustellbaren E-Mails bezogen auf alle versendeten Adressen. Die Bounce-Rate darf beim ersten Versand an eine neue Liste bis zu sieben Prozent betragen, danach sollte sie auf unter zwei Prozent sinken. An der Bounce-Rate erkennen Sie, wie aktuell Ihre Datenbank ist.

→ **Öffnungsrate:** Quote der geöffneten E-Mails bezogen auf alle versendeten Adressen abzüglich der Bounces. Ist der Betreff gut? Die Öffnungsrate liefert die Antwort. Der Richtwert für die Öffnungsrate liegt derzeit bei 20 Prozent. Wenn Sie diese erreichen, dann liegen Sie mit Ihrem Betreff richtig.

→ **Klickrate:** Quote aller Klicks bezogen auf die geöffneten Mails. Der Richtwert für die Klickquote liegt derzeit bei sieben Prozent.

→ **Klickrate pro Link:** Quote der Klicks auf die einzelnen Links bezogen auf geöffnete Mails. Dieser Wert gibt Ihnen Auskunft, welche Themen Ihre Leser interessieren. Je mehr Klicks ein Thema hat, desto interessanter ist es für Ihre Leser.

→ **Klickrate pro Person:** Durchschnittliche Zahl der Klicks pro Person bezogen auf geöffnete Mails. Dieser Wert sagt Ihnen, wie aktiv Ihre Leserschaft ist.

→ **Abmeldungsrate („Unsubscribe Rate"):** Quote der Abmeldungen bezogen auf alle zugestellten Mails. Die Abmeldungen liegen üblicherweise im Bereich von unter einem Prozent. Gibt es viele Abmeldungen, dann bringen Ihre Mailings den Lesern zu wenig Nutzen.

→ **Umwandlungsrate („Conversion Rate"):** Quote der durch eine E-Mail ausgelösten Aktionen, z.B. Bestellungen. Diese Quoten variieren sehr stark, abhängig vom Angebot und dem Reaktionsziel. Die Umwandlungsrate ist höher, wenn es um ein kostenloses E-Book geht, als wenn eine kostenpflichtige Bestellung getätigt werden soll.

Personenbezogene Messfaktoren

→ An welche E-Mail-Adressen konnte nicht zustellt werden?

→ Welcher Empfänger hat die E-Mail zu welchem Zeitpunkt geöffnet?

→ Wer hat auf welchen Link geklickt?

→ Wer hat sich abgemeldet?

Nützen Sie das Wissen um das Leser-Verhalten für weitere Marketing-Aktivitäten! In der Praxis sind bei Großversendern responsegesteuerte Kampagnen üblich. **Achtung:** Die Erfassung von personenbezogenen Daten unterliegt dem Datenschutz! Das bedeutet, dass jemand, der Ihnen zum Erhalt von Mailings eine Zustimmung erteilt hat, eine zweite Zustimmung zum Tracking von personenbezogenen Daten abgeben muss. Mehr darüber erfahren Sie unter: www.eco.de/2014/pressemeldungen/leitfaden-fuer-mehr-sicherheit-im-e-mail-marketing.html.

Optimieren Sie Ihre Mailings auf der Basis der Mess-Ergebnisse vorangegangener Mailings:

→ **Öffnungsquote gering:** Wählen Sie einen anderer Betreff und versenden Sie das Mailing nochmals.

→ **Wenige Klicks:** Der Inhalt hat offenbar nicht gehalten, was der Betreff versprochen hat. Oder hatten Sie keine Interaktionslinks in Ihrem Mailing? Gestalten Sie den Inhalt in Zukunft attraktiver, verfeinern Sie Ihren Text und machen Sie die Links gut sichtbar.

Kapitel 6

Social-Media-Akquise

Social Media sind längst nicht mehr nur Medium für private Kommunikation. Präsentieren Sie sich und Ihr Unternehmen in einem sozialen Kontext. Machen Sie sich sympathisch, indem Sie an die Grund-Emotion „Zugehörigkeit" appellieren. Gewinnen Sie Leads, indem Sie klare Mehrwerte bieten. Erfahren Sie in diesem Kapitel, wie Sie über XING, Facebook & Co. Leads und Kunden generieren.

Warum kein Weg an Social-Media-Marketing vorbeiführt

Wer glaubt, dass Social-Media-Marketing vorrangig etwas für Endkunden-Marketing ist, der irrt. 85 Prozent aller Geschäfte zwischen Unternehmen beginnen heute im Internet. Ein vernünftiges Business-to-Business-Marketing ist heute ohne Internet und Social Media gar nicht mehr möglich.

Erst die Beziehung. Dann der Verkauf. Social Media sind kein Verkaufskanal. Hier werden Kontakte geknüpft, gepflegt und intensiviert. Wer versucht, zu aggressiv zu verkaufen, vergrault seine Kontakte, Fans und Followers. Gehen Sie bei Ihrer Akquise daher sehr geschickt und indirekt vor.

Vorteile der Social-Media-Akquise:

→ Fast jede Zielgruppe ist heute in den Social-Media-Kanälen vertreten. Wo noch können Sie auf einfachem Weg so viele Menschen treffen, die grundsätzlich an Ihrem Angebot Bedarf haben?

→ Immer mehr Menschen sind den ganzen Tag online. Am Computer und mobil. Begleiten Sie Ihre Kontakte im Büro, auf dem Smartphone oder Tablet.

→ Werden Sie „warm" mit Ihren Kontakten aus den Social Media. Dann ersparen Sie sich die mühsame Kalt-Akquise.

→ Nutzer von sozialen Netzwerken beobachten andere Nutzer und vertrauen auf deren Meinung. Nutzen Sie dieses soziale Umfeld für Empfehlungs-Kontakte.

→ Nützen Sie Social Media als Recherche- und Vorbereitungs-Tool für Ihre Verkaufsgespräche.

→ Profitieren Sie von der schnellen Information im Netz. Verkürzen Sie Ihren Akquise-Prozess.

→ Verlinken Sie Ihre Social-Media-Aktivitäten unbedingt mit Ihrer Website. Das bringt Sie im Ranking der Suchmaschinen weiter nach oben!

Wie die Akquise über Social Media funktioniert

Wählen Sie Ihren Kanal aus. Schauen Sie dabei, auf welcher Plattform Ihre Zielgruppe zu Hause ist. Besser, Sie sind auf ein bis zwei Kanälen aktiv, als überall dabei zu sein und sich zu verzetteln. Legen Sie auf Ihren Kanälen ein ansprechendes Profil bzw. eine Firmenseite an.

Nehmen Sie zuerst Kontakt zu jenen Mitgliedern und Kunden auf, die Sie schon kennen. Vernetzen Sie sich mit bekannten Menschen, bevor Sie neue Kontakte anbahnen, und generieren Sie Mehrwert-Content für Ihre Kontakte, Fans und Followers in Form von Tipps, Erfahrungsberichten, Einladungen zu Veranstaltungen und Ähnlichem.

Posten Sie regelmäßig. Achten Sie darauf, auf zumindest drei Postings pro Woche zu kommen. Darunter werden Sie bei den vielen anderen Postings nicht wahrgenommen. Nehmen Sie die Reaktionen Ihrer Kontakte wichtig und führen Sie einen Dialog mit Ihren Kontakten und Fans. Schreiben Sie nützliche Kommentare, wenn ein Kontakt bzw. Fan über ein Problem berichtet, und bauen Sie so Ihren Experten-Status auf.

Nehmen Sie Kontakt- und Freundschafts-Anfragen an, wenn die Person in Ihre Zielgruppe fällt, und knüpfen Sie aktiv neue Kontakte zu Mitgliedern Ihrer Plattform. Treten Sie auch Gruppen bei, wobei Sie darauf achten sollten, dass in der Gruppe Ihre Zielgruppe zu finden ist und sich Ihre Themen mit den Themen der Gruppe decken. Knüpfen Sie neue Kontakte zu den Mitgliedern dieser Gruppen.

Haben Sie Videos und Fotos zu Ihrem Thema? Dann nutzen Sie zusätzlich YouTube und die Bilderplattformen Instagram und Pinterest.

70 bis 80 Prozent unserer Kaufentscheidungen sind emotional. Auch wenn wir das nicht wahrhaben wollen. Wir kaufen am liebsten bei Menschen, die wir kennen und die wir sympathisch finden. Um sich bei anderen Menschen beliebt zu machen, müssen Sie etwas von sich preisgeben. So schaffen Sie eine Vertrauensbasis.

Inhalte, über die Sie in Ihren Social Media Postings schreiben sollten

→ Neuheiten zu Produkten: Eine Neuheit ist alles, was Ihre Fans und Kontakte noch nicht kennen. Es muss nicht immer eine absolute Weltneuheit sein.

→ Spezielle Service-Leistungen für Kontakte und Fans: Wenn Sie spezielle Leistungen nur in den Social-Media-Kanälen posten, denn lohnt es sich für Ihre Fans und Kontakte wirklich, regelmäßig auf Ihrer Fanseite oder Ihrem Profil vorbeizuschauen.

→ Allgemeine Neuheiten der Branche: Sammeln Sie Ideen auf den Plattformen Ihrer Branche.

→ Fachberichte zu Ihrem Thema: Posten Sie einen kurzen Teaser in Ihren Social-Media-Kanälen, geben Sie dazu einen Link zum kompletten Artikel auf Ihrer Website.

→ Saisonale Angebote: Winter, Valentinstag, Ostern, Frühjahr, Muttertag, Vatertag, Sommer, Urlaub, Herbst, Halloween, Allerheiligen, Advent, Weihnachten, Silvester.

→ Interessantes oder Neues zu Ihrem Thema: Auch ein Teilen von Fachartikeln anderer Autoren und anderen Websites ist ein Service für die Leser und macht daher Sinn.

→ Link zu Ihrem Blog: Teasern Sie einen Blogartikel in Ihren Social-Media-Kanälen an. Verlinken Sie zu Ihrem Blog, wo der gesamte Artikel zu lesen ist.

→ Einblick in Ihren Arbeitsalltag: Posten Sie Situationen aus Ihrem Alltag. Hier ist Spontaneität gefragt. Wenn Ihnen etwas Kurioses oder Witziges passiert, dann posten Sie es. Ein Schnappschuss aus der Handykamera kommt auch meist gut an.

→ Einladungen zu Veranstaltungen: Machen Sie Ihre Veranstaltungen auch auf den Social-Media-Kanälen publik. Einladungen sind eine beliebte Methode, um über Social Media Leads mit E-Mail-Adresse zu generieren.

→ Tipps und Tricks: Wünschen Sie eine virale Verbreitung? Dann setzen Sie auf Tipps und Tricks.

→ Erfahrungsberichte: Stellen Sie Ihre Fans und Kontakte in den Mittelpunkt. Fordern Sie diese auf, einen kurzen Erfahrungsbericht zu posten. Wenn Sie dazu noch eine kleine Aufmerksamkeit versprechen, dann freuen Sie sich schon bald über wertvolle Berichte, die für Sie Werbung machen.

→ **Gratis E-Books und andere Goodies:** Mit einem E-Book oder anderen Goodie können Sie ganz leicht aus Social-Media-Kontakten, Freunden oder Fans Double-Opt-In Leads generieren. Goodies haben auch ein großes virales Potenzial.

→ **Geschichten über Produkte und das Unternehmen:** Der Mensch ist neugierig. Befriedigen Sie diese natürliche Neugierde und gewähren Sie einen Blick durchs Schlüsselloch. Spannend sind auch sogenannte „Making-of Stories" – hier kann der Kunde virtuell zusehen, wie „sein" Produkt entsteht.

→ **Glückwünsche zu den Feiertagen:** gehören zum guten Ton in Social Media.

→ **Geburtstagsgrüße:** Auch Geburtstagsgrüße erfreuen immer.

→ **Persönliche Gedanken:** Haben Sie Gedanken zu einem gesellschaftlichen Anliegen oder einem aktuellen Anlass? Lassen Sie Ihre Social-Media-Kontakte teilhaben. Starten Sie eine spannende Diskussion.

→ **Schnappschüsse:** Ob sinnlose Verkehrszeichen oder Situationskomik, Schnappschüsse lockern den Alltag auf. Und genau solche Auflockerungen gehören in jede Social-Media-Kampagne.

→ **Humorvolles:** Zwischendurch darf auch mal in der Arbeit gelacht werden. Ein humorvolles Posting einmal die Woche oder alle vierzehn Tage zeigt, dass auch Sie Humor haben, und das macht Sie sympathisch.

Erstellen Sie schon zu Jahresanfang einen Posting-Kalender. Überlegen Sie, welche Fachberichte, Glückwünsche für die Feiertage, Geschichten zum Unternehmen und andere vorproduzierbare Inhalte Sie dieses Jahr posten wollen. Gestalten Sie Ihren Kalender bunt, so dass sich die unterschiedlichen Posting-Kategorien abwechseln. Lassen Sie freie Stellen für spontane, kurzfristige Meldungen.

Möchten Sie Ihre Social-Media-Aktivitäten automatisieren? Dann arbeiten Sie mit HootSuite (https://hootsuite.com). Hier können Sie die vorproduzierten Inhalte sowie das Veröffentlichungsdatum Plattform übergreifend auf einmal einstellen und brauchen dann nicht mehr daran denken. Kurzfristige, spontane Postings machen Sie weiterhin manuell.

179

Die wichtigsten Social-Media-Plattformen

XING	XING ist **die** Plattform im Business-to-Business. Bahnen Sie hier Kontakte zu potenziellen Kunden an! Relevanz für die Internet-Akquise und Lead-Generierung: *****
Facebook	Facebook wird auch im Business-to-Business immer wichtiger. Generieren Sie Fans für Ihr Angebot. Arbeiten Sie am Vertrauens-Aufbau. Relevanz für die Internet-Akquise und Lead-Generierung: *****
Google+	Seit dem Relaunch 2017 ist Google+ zu einer Plattform für Bildersammlungen geworden. Relevanz für die Internet-Akquise und Lead-Generierung: *
YouTube	Machen Sie mit Videos auf sich aufmerksam. Videos machen Sie sympathisch und schaffen Vertrauen. Relevanz für die Internet-Akquise und Lead-Generierung: ***
Twitter	In der Kürze liegt die Würze. Twittern Sie Ihren Followers aktuelle News. Relevanz für die Internet-Akquise und Lead-Generierung: *
LinkedIn	Verlinken Sie sich mit Studienkollegen und Geschäftspartnern. LinkedIn ist eine internationale Business-to-Business-Plattform. Relevanz für die Internet-Akquise und Lead-Generierung: ****
Pinterest	Lassen Sie Bilder für Ihr Angebot und Ihre News sprechen. Relevanz für die Internet-Akquise und Lead-Generierung: *
Instagram	Begeistern Sie ein vorwiegend jüngeres Publikum für Ihre Marke. Relevanz für die Internet-Akquise und Lead-Generierung: ***

XING- Die Kontakt-Maschine im Business-to-Business

XING ist mit 16 Millionen Mitgliedern, davon neun Millionen aus dem deutschsprachigen Raum, hierzulande die beliebteste Social-Media-Plattform im Business-to-Business-Bereich. XING ist daher ein absolutes Pflichtprogramm für alle, die Business-Kunden übers Internet akquirieren wollen.

XING bietet sehr gute Funktionen, um aktiv qualifizierte Business-Kontakte zu knüpfen und Akquise zu betreiben. Um diese Funktionen nützen zu können, brauchen Sie eine Premium-Mitgliedschaft. Der Preis dafür beträgt aktuell 6,95 Euro pro Monat. Es gibt aber immer wieder Rabatt-Aktionen, bei denen der Preis um 20 Prozent gesenkt wird.

Viele von uns haben früher für teures Geld Branchen-Adressen gekauft. Um dann nochmals für viel Geld Print-Mailings zu verschicken. Was der Marketing-Hit der 1990er Jahre war, ist heute mit immer weniger Erfolg verbunden.

Mit XING können Sie Mitglieder nach Branche, Ort und Position im Unternehmen filtern und direkt kontaktieren. Und das zum Preis einer Premium-Mitgliedschaft von wenigen Euro. XING ist nach Personen aufgebaut, nicht nach Unternehmen. Daher haben Sie auch immer mit dem richtigen Ansprechpartner Kontakt. Die Ansprechpartner sind außerdem aktuell, da die Mitglieder ihre Profile selbst aktualisieren.

Wie Sie über XING Leads und Neukunden generieren

Das Profil

Voraussetzung ist ein gutes, aussagekräftiges Profil. Füllen Sie zunächst Ihr Profil nach den Vorgaben aus. Nützen Sie die Zeilen „Aktuelle Tätigkeit" und „Akademischer Abschluss" – dort zu finden, wo Sie Ihren Namen eintragen – für eine sprechende Bezeichnung Ihres Angebots bzw. Ihres Experten-Status. Statt „Geschäftsführerin" ist „In 7 Schritten zu neuen Kunden" für den Besucher allemal spannender und die Wahrscheinlichkeit einer Anfrage steigt um ein Vielfaches. Nutzen Sie unbedingt auch die Zitatzeile für Ihre Lead-Gewinnung. Stellen Sie anstelle eines Zitats eine Einladung zum Download Ihres E-Books bzw. anderen Freebees mit dem entsprechenden Download-Link.

Möchten Sie darüber hinaus Ihren Profil-Besuchern auf den ersten Blick zeigen, was Sie anbieten? Dann arbeiten Sie mit der „Portfolio-Funktion" (nur für Premium-Mitglieder). Im Gegensatz zur Standard-Einstellung erkennt der Besucher Ihres Profils in den ersten drei Sekunden, was Sie machen und warum es sich lohnt, sich mit Ihrem Profil zu beschäftigen.

Gestalten Sie plakative Kacheln à la Windows. Klickt der Betrachter auf eine Kachel, öffnet sich ein Bild mit noch mehr Informationen zu Ihren Angeboten und einem Link zu Ihrer Website.

Machen Sie eine solche Kachel zu Ihrem Leadmagneten. Werben Sie auf der Kachel für Ihr Gratis-E-Book oder ein anderes Freebee. Diese Leadmagnet-Kachel verlinkt zu Ihrer Landing Page. Wenn Sie aktiv in XING sind und Ihr Profil häufig besucht wird, können Sie sich auf ein bis zwei neue, qualifizierte E-Mail-Adressen pro Tag freuen. Dass sind circa 500 Leads pro Jahr, die Sie ganz nebenbei und passiv generieren. Ein Beispiel für XING-Profile mit plakativen Kacheln: XING: xing.to/MargitMoravek

Die erweiterte Suche

Finden Sie Ihre Zielgruppe über die erweiterte Suche (nur für Premium-Mitglieder!). Die wichtigsten Suchfelder sind „Branche", „Position im Unternehmen", „Postleitzahl", „Ort" und „Land". Im Anzeigefeld lesen Sie, wie viele Mitglieder es in XING insgesamt gibt, auf die die Auswahl zutrifft. Als Kontaktvorschlag erscheinen aber immer nur 300, die Sie direkt kontaktieren können. Wenn Sie Ihre Auswahl als „Suchauftrag" abspeichern, können Sie Ihre Selektion immer wieder abrufen. Außerdem erhalten Sie eine Mail, sobald sich neue Mitglieder eintragen, die in dieses Suchprofil passen.

So bahnen Sie Kontakte an

Sehen Sie die Mitglieder, die angezeigt werden, durch. Möchten Sie zu jemandem Kontakt aufnehmen, dann klicken Sie auf „Kontakt hinzufügen". Nun erscheint ein Textfeld, in das Sie einen kurzen Text zur Kontaktaufnahme schreiben. Die Netiquette von XING besagt, dass in dieses Feld eine persönliche Ansprache sowie ein Grund für die Kontaktaufnahme gehören. Ein guter Grund ist eine Gemeinsamkeit, die Sie mit Ihrem zukünftigen Kontakt haben. Das kann z.B. dieselbe Branche, derselbe Ort, ein gemeinsamer Kontakt, gemeinsame Interessen u.v.m. sein. Je interessanter Ihr Anschreiben für den künftigen Kontakt ist, desto größer ist die Wahrscheinlichkeit, dass Ihre Kontaktanfrage angenommen wird. Im Idealfall sollten 40 bis 50 Prozent der angebahnten Kontakte Ihre Anfrage bestätigen. Ein beliebter Anbahnungstext ist z.B.: „Sehr geehrte/r ..., Sie wurden mir von XING als interessanter Kontakt vorgeschlagen. Da wir beide in (*Ihre Stadt*) tätig sind, möchte ich mich gerne mit Ihnen verxingen. Ich freue mich, wenn Sie meine Kontaktanfrage bestätigen."

Arbeiten Sie am Aufbau Ihres XING-Netzwerks. Sie können pro Woche 100 Kontaktanfragen versenden. Um neue versenden zu können, müssen Sie zuerst die nicht bestätigten Anfragen aus dem System löschen. Das Ziel sollte sein, dass Sie auf diese Weise 50 Kontakte pro Woche anbahnen. Das ergibt circa 2.500 Kontakte pro Jahr. Je mehr qualifizierte Kontakte Sie haben, desto größer ist auch Ihr Potenzial an neuen Kunden und Aufträgen. Markieren (taggen) Sie Ihre bestätigten Kontakte nach Ort bzw. nach Branche. Das macht Sinn, wenn Sie Ihre Kontakte zu Ihren On- und Offline-Veranstaltungen einladen wollen. Wenn es nicht gerade eine Online-Veranstaltung ist, sollten Sie nur die Kontakte einladen, die in der Nähe des Veranstaltungsorts leben.

Verwandeln Sie Ihre XING-Kontakte in Leads. Schicken Sie jedem neuen Kontakt ein kurzes Dankeschön-Schreiben mit z.B. folgendem Inhalt: „Sehr geehrte/r …, danke, dass Sie mich als Kontakt bestätigt haben. Als Dankeschön möchte ich Ihnen mein kostenloses E-Book (*Titel Ihres E-Books*) überreichen. Darin erfahren Sie alles über *(Ihr Thema)*. Holen Sie sich jetzt mein gratis E-Book unter diesem Link *(link)*.“

Freuen Sie sich über einen wachsenden Lead-Verteiler in Ihrem E-Mail-Versandsystem. Hinweis: Ich empfehle keinesfalls, im großen Stil E-Mail-Adressen aus XING zu exportieren. Erstens betreten Sie damit eine Grauzone der Plattformregeln, zweitens können Sie XING-Mitglieder außerhalb von XING nur schlecht zuordnen und reagieren eventuell irritiert auf Ihre E-Mail.

Funktionen

Die **Premium-Suchfunktionen** (nur für Premium-Mitglieder): Im Bereich „Premium“ können Sie alle Mitglieder aufrufen, die Ihr Profil bzw. Ihre Firmen-Website geklickt haben. Darüber hinaus gibt es noch einige Suchfunktionen mehr, wie z.B. „Mitglieder, die suchen, was Sie anbieten“. Treffen Sie Ihre Auswahl und kontaktieren Sie diese Mitglieder, wie zuvor beschrieben.

Die **Gruppen-Funktion**: In XING gibt es viele Gruppen, in denen sich Menschen mit gleichen Interessen treffen. Suchen Sie nach Gruppen, in denen Ihre Zielgruppe zu Hause ist. Treten Sie diesen Gruppen bei und stellen Sie sich und Ihr Unternehmen vor. Da dieser Kontakt nur indirekt über die Gruppe besteht, sollten Sie darüber hinaus auch direkte Kontakte zu einzelnen Mitgliedern aufbauen.

Kommunizieren Sie mit den Mitgliedern Ihrer Gruppen in den Foren der Gruppen. Schreiben Sie sich mit Foren-Beiträgen zum Experten. Bewerben Sie Ihr Gratis-E-Book oder ein anderes Freebee und verlinken Sie zu Ihrer Landing Page. Haben Sie eine Veranstaltung? Dann kündigen Sie diese im passenden Forum Ihrer Gruppen an. Nützen Sie auch die Funktion der kostenlosen Kleininserate, die viele Gruppen anbieten. Diese sind ein idealer Ort, um Leadmagneten zu posten, ohne gegen die Regeln mancher Gruppen zu verstoßen.

Die **Event-Funktion**: Bieten Sie Veranstaltungen an? Dann legen Sie Ihre Veranstaltung in XING als „Event" an. Versenden Sie über die Funktion „Gäste einladen" Einladungen an alle Ihre bzw. an ausgewählte (z.B. nach Ort) Kontakte. Fügen Sie die passenden Suchbegriffe dazu, damit Ihre Veranstaltung von anderen Mitgliedern gefunden wird. „Verxingen" Sie sich mit den Teilnehmern Ihrer Veranstaltung. Natürlich können Sie auch Kontakt zu Teilnehmern fremder Veranstaltungen anbahnen, wenn diese Events die gleiche Zielgruppe wie Sie ansprechen.

Die **Status-Meldung**: Halten Sie Ihre Kontakte über die Funktion „Status-Meldung" auf dem Laufenden. Posten Sie hier Ihre Neuigkeiten. Alle Ihre Kontakte erhalten die Status-Meldung. Möchten Sie ein E-Book oder anderes Freebee bekannt machen? Dann posten Sie diese Neuigkeit mit Link zu Ihrer Landing Page in der Status-Meldung.

Möchten Sie über XING Kontakte und in der Folge Kunden gewinnen? Dann müssen Sie aktiv sein. Auch hier gilt der Spruch „Von nichts kommt nichts". Sind Sie aktiv, dann kommen auch Kontaktanfragen von anderen Mitgliedern auf Sie zu. Wenn Sie XING richtig nutzen und vor allem kontinuierlich Kontakte und Leads aufbauen, können Sie sich schon bald über viele neue Kunden freuen.

Facebook – Generieren Sie Leads im sozialen Umfeld

Facebook ist mit über 50 Millionen Mitgliedern aus dem deutschsprachigen Raum der absolute Platzhirsch. Das heißt, dass jeder zweite Deutsche, Österreicher und Schweizer auf Facebook registriert ist. Im Business-to-Consumer-Marketing ist Facebook schon lange absolutes Pflichtprogramm. Mittlerweile ist aber auch ein Großteil der Business-to-Business-Unternehmen auf Facebook anzutreffen. Unter den Millionen Facebook-Nutzern sind auch Entscheider, Entscheidungsvorbereiter und Multiplikatoren aus Ihrer Zielgruppe. Das Durchschnittsalter der Facebook-Nutzer liegt bei 35 Jahren.

Es gibt zwar keine Funktion, um nach Zielgruppen zu suchen (wie bei XING und LinkedIn), dafür funktioniert aber die Kontaktanbahnung im sozialen Umfeld umso besser, indem Ihnen Facebook Freunde von Freunden vorschlägt. So können Sie einfach eine Freundschaftsanfrage an einen Freund eines Ihrer Freunde senden. Sie können natürlich auch Kontakte über Beitragskommentare anbahnen. Gefällt den Mitgliedern Ihr Beitrag, fügen diese Sie als Freund hinzu oder vergeben Ihrer Unternehmensseite ein „Gefällt mir".

Nützen Sie die extrem große Community mit unzähligen Kontakt-Chancen. Die Voraussetzung dafür ist, dass Sie regelmäßig (mindestens dreimal pro Woche) spannende Beiträge (Postings) veröffentlichen und Ihren Freunden und Fans einen klaren Nutzen bieten. Dadurch generiert sich eine virale Verbreitung. Über spannende Beiträge und Verlinkungen zu Ihrer Website können Sie rasch und einfach einen Experten-Status aufbauen.

Generieren Sie Empfehlungs-Kontakte. Die besten Möglichkeiten, um über Facebook an neue Kunden zu kommen, sind Empfehlungen von bestehenden Kunden. Wichtig ist daher, dass Sie auch mit Ihren bestehenden Kunden über Facebook Kontakt halten, damit diese wirkungsvoll Empfehlungen abgeben können.

Verbessern Sie Ihr Website-Ranking bei Google, indem Sie zusehen, dass Links zu Ihrer Website häufig in Facebook geteilt und geliked werden.

Wie Sie über Facebook Leads und Neukunden generieren

Ausgangspunkt für alle Aktivitäten in Facebook ist ein Profil. Das Facebook-Profil ist immer ein Profil einer natürlichen Person (also keine Firma). Möchten Sie privat von beruflich trennen? Kein Problem. Dann arbeiten Sie mit dem Facebook Business Manager. Gehen Sie auf https://business.facebook.com und loggen Sie sich mit den Zugangsdaten für Ihr persönliches Profil ein. Danach verbinden Sie Ihre Facebook Unternehmensseite mit Ihrem Business Manager Account. Im Business Manager können Sie dann Ihre Seite verwalten und Werbeanzeigen erstellen.

Jede Firmenseite braucht ein persönliches Profil eines Administrators. Als Unternehmer sind Sie verpflichtet, Ihre Facebook-Aktivitäten über die Seite laufen zu lassen. Die Nutzung von privaten Profilen zu geschäftlichen Zwecken wird von Facebook untersagt. Sie dürfen zwar den einen oder anderen geschäftlichen Kontakt anbahnen, der Inhalt Ihres Profils darf aber keine geschäftlichen Angebote oder Aktionen beinhalten.

Folgende Unterschiede bestehen zwischen einem Facebook-Profil und einer Unternehmensseite:

→ Auf Ihrem Profil sehen Sie auch die Aktivitäten Ihrer Freunde. Reagieren Sie mit „Gefällt mir" und Kommentaren. Arbeiten Sie so am Aufbau der Beziehung. Gehen Sie individuell auf die Fragen und Wünsche Ihrer Freunde ein. Bieten Sie konkrete Lösungsvorschläge an. Oft kommen dann diese Freunde auf Sie zurück und möchten noch mehr Lösungsvorschläge von Ihnen. Nützen Sie am besten die Chat-Funktion zur individuellen Kommunikation. Im passenden Moment können Sie dann auf Ihre kostenpflichtigen Angebote verweisen. Natürlich erfordert diese direkte Kommunikation eine Menge Zeit. Aber die eingesetzte Zeit lohnt sich schon sehr bald in Form von Neukunden.

→ Bei einer Unternehmensseite sehen zwar die Fans Ihre Aktivitäten, aber nicht umgekehrt. Optimieren Sie Ihre Seite so, dass sie sich zu einem echten Fanzentrum entwickelt. Wichtig ist, dass die Fans auf den ersten Blick erkennen, welches Thema auf Ihrer Seite im Vordergrund steht und welchen Nutzen sie davon haben, Fan Ihrer Seite zu sein.

Inhalte für die Unterseiten Ihrer Facebook-Seite

Nützen Sie Unterseiten, die im Menü „Mehr" erscheinen. Folgende Inhalte eignen sich für Ihre Facebook-Unterseiten:

→ Info: Hier kommen Informationen über Ihr Unternehmen hinein.

→ Fotos: Hier werden alle von Ihnen geposteten Fotos automatisch hinzugefügt. Zusätzlich gibt es unter Fotos einen Bereich, wo Sie selbst Fotos, die nicht gepostet werden, hinzufügen können.

→ Videos: Laden Sie in diesem Bereich Ihre Videos hoch.

→ „Gratis-E-Book", „Gratis Checkliste" u.v.m.: Binden Sie Ihre Landing Page mittels App direkt in Facebook ein.

→ Blog: Link zu Ihrem Blog

→ Webinare bzw. andere Veranstaltungen: Machen Sie hier Ihre Webinare bekannt. Arbeiten Sie bei Ihren Webinaren mit der Plattform Edudip (http: edudip.com) zusammen? Dann können Sie hier direkt die App aus Edudip einbinden. Den Anbindungslink dafür finden Sie bei edudip.com bei Ihrer Veranstaltung unter dem Menüpunkt „Vermarkten".

→ Newsletter: Hier kann sich der Facebook-Nutzer für Ihren Newsletter anmelden.

→ Links zu Ihren anderen Social-Media-Plattformen

→ Impressum: Auch hier ist ein Impressum Pflicht. Haben Sie keines, drohen Abmahnungen!

So kommen Sie zu Fans

Bewerben Sie Ihre Facebook-Seite auf Ihrer Website. Laden Sie via E-Mail Ihre bestehenden Kunden und Kontakte ein, Fan zu werden. Laden Sie die Facebook-Freunde aus Ihrem persönlichen Profil ein, Ihre Seite zu „liken".

Schalten Sie außerdem eine Anzeige (Facebook-Ad), um so Interessenten auf Ihre Seite zu holen. Bauen Sie so möglichst rasch die ersten 50 bis 100 Fans auf. Nur so erscheint Ihre Seite weiteren potenziellen Fans als interessant.

Halten Sie Ihre Kontakte über Status-Meldungen auf dem Laufenden. Sie können Beiträge über den Business Manager auch vorausplanen und diese zu einem vordefinierten Zeitpunkt automatisch posten lassen. Posten Sie regelmäßig Inhalte, die Ihren Fans einen Mehrwert bieten. Siehe dazu auch unter „Inhalte, über die Sie in Ihren Social Media Postings schreiben sollten".

Achten Sie darauf, dass Ihre Fans aktiv sind. Die Interaktionsrate (Verhältnis von „Personen, die darüber sprechen" zur Anzahl der Fans) sollte circa fünf Prozent betragen. Je höher, desto besser!

Werden Sie Mitglied in Gruppen, in denen Ihre Zielgruppe zu Hause ist. Finden Sie relevante Gruppen über die Gruppen-Suchfunktion und posten Sie dort interessante Inhalte bzw. kommentieren Sie interessante Beiträge anderer.

Laden Sie die Gruppen-Mitglieder ein, Ihre Seite zu „liken", und laden Sie Ihre Kontakte zu Ihren Veranstaltungen (z.B. Webinare) ein. Gründen Sie selbst eine geschlossene Gruppe und laden Sie bestehende Fans und Leads aus Ihrem E-Mail-Verteiler in diese Gruppe ein. Tauschen Sie sich mit den Gruppenmitgliedern über Ihr Thema aus. Selbstverständlich können Sie in Ihre eigene Gruppe auch Werbung posten – aber bitte nicht zu oft.

So gewinnen Sie Leads über Facebook

Nutzen Sie alle Möglichkeiten, um Ihren Leadmagnet in Szene zu setzen. Platzieren Sie einen Leadmagnet-Banner ganz oben auf Ihrer Facebook-Seite. Bauen Sie im Bild einen Button „Gratis Download" ein. Verlinken Sie das

187

ganze Bannerbild mit Ihrer Landing Page. Im Gegenzug für die Eingabe seiner E-Mail-Adresse erhält der neue Lead ein Freebee.

Bewerben Sie Ihr Gratis-E-Book oder ein anderes Freebee in Ihrer Status-Meldung, auf Ihrer Seite und in Ihren Gruppen. Verlinken Sie stets auf Ihre Landing Page.

Holen Sie so Ihre Leads aus Facebook ab und bauen Ihren E-Mail-Verteiler weiter aus.

Warum wird mein Beitrag nicht im Newsfeed meiner Fans angezeigt?

Nicht jeder Fan erhält alle Beiträge, die Sie auf Ihrer Seite posten. Das kann zum einen an den Sicherheits- und Benachrichtigungs-Einstellungen des jeweiligen Fans liegen. Zum anderen hat Facebook eine Formel erstellt, die bestimmt, welche Beiträge in welcher Rangfolge im Newsfeed der Nutzer angezeigt werden. Diese Formel ist geheim, über gewisse Details informiert Facebook jedoch. So wird Ihr Beitrag eher höher gelistet, wenn

→ es Übereinstimmungen zwischen dem Beitrag und den angegebenen Interessen des Nutzers gibt,

→ starke Beziehungen zwischen Absender und Empfänger bestehen,

→ ein Beitrag viele Likes bzw. Kommentare hat (am besten direkt nach dessen Veröffentlichung) und

→ Beiträge von aktuellen und beliebten Themen (sogenannten „Trending Topics") handeln.

Facebook Ads – Leiten Sie zielgerichtet Besucher auf Ihre Website oder Landing Page

Während bei Google AdWords die Inserate aufgrund einer Suchanfrage und eines Suchbegriffes erscheinen, werden bei Facebook die Anzeigen (Facebook Ads) „automatisch" anhand der von den Facebook-Nutzern hinterlegten Profildaten eingeblendet. Das bedeutet, dass Google AdWords nur für Angebote geeignet ist, nach denen ein potenzieller Kunde sucht. Es gibt aber viele Angebote, von denen der Kunde gar nicht weiß, dass sie existieren. In solchen fällen greifen Sie besser zu Facebook Ads. Hier können Sie Ihre Zielgruppe punktgenau auswählen und dieser dann Inserate zuspielen lassen, die darauf abzielen, überhaupt einmal den Bedarf zu wecken. Daher sind Facebook Ads besonders für die Lead-Gewinnung mit Landing Pages geeignet.

Die Bezahlung läuft wahlweise pro Klick oder pro Einblendung im Rahmen eines festgelegten Tages- oder Monatsbudgets. Aufgrund der budgetären Skalierbarkeit sind Facebook Ads heute die wichtigste Trafficquelle, wenn es um die Lead-Generierung geht. Wichtig: Wenn Sie mittels Facebook Ads Leads generieren wollen, binden Sie immer einen Leadmagnet und eine Landing Page in Ihre Kampagne ein! Facebook Ads erscheinen in der rechten Spalte neben Personen-Profilen, Unternehmensseiten und Gruppen. „Promoted Posts" erscheinen im Newsfeed von Profilen oder Seiten. Facebook Ads werden großteils auf Smartphones gesehen. Daher haben Facebook Ads eine große Bedeutung im Mobile Marketing.

Einfache Anzeigen, wie z.B. das Bewerben eines Beitrags, lassen sich schnell selbst erstellen und für wenig Geld schalten. Der Nachteil dieser einfachen Inserate ist allerdings, dass es hier außer Geschlecht, Alter und Wohnort der Zielgruppe keine weiteren Selektionsmöglichkeiten gibt. Das volle Potenzial der Facebook Ads lässt sich nur über den Business Manager in Kombination mit dem Power Editor nützen. Nur so haben Sie eine unendliche Möglichkeit, an Selektionskriterien wie z.B. Interessen, Verhalten, Status, u.v.m. zu kommen.

Wie Sie ein Facebook Ad erstellen

Möchten Sie eine neue Kampagne starten? Dann melden Sie sich zuerst im Facebook Business Manager https://business.facebook.com mit Ihrem User-Passwort an. Wenn Sie bereits eine Seite in Facebook haben, ist es das Passwort des Seitenadministrators. Nun geben Sie alle unternehmensrelevanten Daten ein. Anschließend legen Sie ein Werbekonto an. Dafür müssen Sie Ihre Kreditkartennummer angeben, eine Umstellung auf eine andere Zahlungsvariante ist erst später möglich. Nun verbinden Sie Ihr Werbekonto mit Ihrer Facebook-Firmenseite. Sie bekommen dafür eine Bestätigungs-E-Mail von Facebook. Wenn diese Vorbereitungsarbeiten erledigt sind, können Sie mit der Einrichtung Ihres Inserats beginnen.

Das Erstellen eines Facebook Ads erfolgt in drei Schritten:

1. Anlegen der Kampagne

Hier legen Sie das Ziel Ihrer Facebook-Werbung fest. Die folgenden Ziele stehen zur Auswahl:

→ Interaktion mit Seitenbeiträgen: Verwendung der Werbeanzeige, um Beiträge, „Gefällt-mir"-Angaben, Kommentare, geteilte Inhalte, Foto- oder Videoaufrufe zu erhöhen

→ „Gefällt mir"-Angaben für eine Seite: Erstellung von Werbeanzeigen, um die Fangemeinde zu vergrößern

→ Klicks auf die Website bzw. Traffic: Verwendung von Werbeanzeigen, um die Anzahl der Website-Besucher zu erhöhen bzw. um die User auf Ihre Landing Page zu leiten

→ Lead Ads: Hier stellt Ihnen Facebook eine interne Landing Page zur Verfügung, die schon mit den Datein des Leads (E-Mail, Telefonnummer, Adresse) vorausgefüllt ist

→ Website Conversions: Werbeanzeigen nutzen, um Handlungen hervorzuheben, die die Nutzer auf der eigenen Website durchführen können

→ App-Installationen: Nutzung von Werbeanzeigen, um User dazu zu bringen, eine bestimmte Applikation herunterzuladen

→ Interaktionen mit der App: Mehr Interaktionen mit einer App durch die Verwendung von Werbeanzeigen hervorzurufen

→ Antworten auf eine Veranstaltungseinladung: Werbeanzeigen nutzen, um Veranstaltungen hervorzuheben

→ In Anspruch genommene Angebote: Verwendung von Werbeanzeigen, um erstellte Angebote hervorzuheben

Wenn Sie Leads gewinnen möchten, wählen Sie als Ziel „Traffic für Ihre Website" (damit ist natürlich auch Ihre Landing Page gemeint) bzw. gleich ein „Lead Ad".

2. Erstellen einer Werbeanzeigengruppe

In der Werbeanzeigengruppe definieren Sie Ihre Zielgruppe sowohl nach Alter, Geschlecht und Wohnort, als auch nach Interessen, Kaufverhalten und Status. Sie werden staunen, was Facebook alles über seine Mitglieder weiß.

Wenn Sie z.B. Motorradfahrer als Zielgruppe eingeben, werden Sie sofort gefragt, welche Marke es sein soll. Oder Sie können eingeben, dass Sie nur Menschen ansprechen wollen, die sich kürzlich verlobt haben. Facebook weiß auch, wo Sie einkaufen und was Ihre Hobbys sind.

Wie Sie Ihre Zielgruppen auswählen

Diese Auswahlmöglichkeiten basieren auf den Daten und Aktivitäten der Facebook-Nutzer. In puncto Zielgruppen-Auswahl hat Facebook gegenüber anderen Pay-per-Click-Anbietern wie z.B. Google AdWords die Nase weit vorne. Facebook Ads haben daher auch den geringsten Streuverlust.

Wählen Sie Ihre Zielgruppe anhand der folgenden Kriterien:

→ Standort: Länder, Bundesländer, Regionen oder Städte, in denen die Werbeanzeige angezeigt werden soll. Auch die Eingabe von Postleitzahlen ist an dieser Stelle möglich.

→ Alter: Das Mindestalter zur Eröffnung eines Facebook-Accounts beträgt 13 Jahre. Da bei der Registrierung immer das Geburtsdatum angegeben werden muss, kennt Facebook das Alter der User. Nutzen Sie diesen Wissensvorsprung und grenzen Sie das Alter Ihrer Zielgruppe ein.

→ Verhalten: Geburtstag in den nächsten Tagen, Personen, die viele Fotos hochladen etc.

→ Ausbildung: Schüler, Student, Hochschulabschluss

→ Geschlecht: Soll Ihre Anzeige Männer oder Frauen ansprechen? Sie haben die Wahl!

→ Sprachen: Facebook stellt automatisch die Sprache der Zielgruppe des ausgewählten Ortes ein.

→ Interessen: Aufgrund der Nutzer-Profile kennt Facebook die Interessen seiner User. Definieren Sie beliebig viele Interessen, um die Zielgruppe zu erreichen.

→ Verbindungen: Wählen Sie aus, ob nur bestimmte Personenkreise, die eine Verbindung zu Ihnen oder Ihrer Seite haben (Fans) bzw. nicht haben („Nicht-Fans"), die Werbeanzeige sehen können. Eine ausgewählte Verbindung kann auch der Beitritt zu einer Gruppe oder die Teilnahme an einer Veranstaltung sein.

Im Anschluss an die Zielgruppen-Auswahl zeigt Facebook in der rechten Seitenleiste an, wie viele Personen die ausgewählte Zielgruppe umfasst.

Neben der Zielgruppe definieren Sie in der Werbegruppe auch noch Ihr Budget, wann und wie lange Ihr Inserat erscheinen soll und an welcher Stelle es platziert sein soll (Newsfeed oder rechte Spalte, zusätzlich auf Instagram?).

3. Gestaltung Ihrer Anzeige in Wort und Bild

Facebook erstellt automatisch einen Vorschlag, wie die Anzeige aussehen könnte. Dieser Vorschlag basiert auf den Angaben der Facebook-Unternehmensseite und dem dort befindlichen Titelbild.

Natürlich können Sie Ihre Anzeige auch selbst gestalten. Sie können bis zu sechs Bilder hochladen. Wenn Sie nur ein Bild für Ihre Anzeige verwenden, erstellt Facebook mehrere Anzeigen mit verschiedenen Bildern. Damit haben Sie die Möglichkeit, zu testen, auf welche Anzeige die Facebook-Nutzer am besten reflektieren. Schließlich setzt Facebook die Werbeanzeige ein, die das beste Ergebnis liefert. Die von Facebook empfohlene optimale Bildgröße ist 1200 x 628 Pixel. Neben dem Bild dürfen maximal 20 Prozent Text stehen. Nach wirkungsvoller als Bilder sind Videos.

Verbinden Sie nun Ihre Anzeige mit Ihrer Landing Page. Geben Sie Ihrem Inserat einen aussagekräftigen Titel (maximal 25 Zeichen), der auch die Neugierde der Nutzer anregt. Oberhalb des Bildes sollten Sie die Ausgangssituation (Problem bzw. Wunsch) Ihrer Zielgruppe in einem Satz beschreiben. In einem zweiten Satz versprechen Sie die Lösung, wie z.B.: „Wie das geht, erfahren Sie in meinem Webinar" oder „… erfahren Sie in meinem E-Book". In den Satz geben Sie dann den Textlink von Ihrer Landing Page. Unterhalb des Bildes ergänzen Sie Ihre Anzeige durch einen Text von maximal 90 Zeichen. Dieser Text zeigt dem Benutzer seinen Nutzen, wenn er auf Ihre Anzeige klickt. Fügen Sie eine Handlungsaufforderung dazu, wie z.B.: „Mehr erfahren", „Jetzt buchen", „Gratis Download" und Ähnliches.

Wie Sie die Kosten berechnen

Legen Sie nun das Budget für Ihre Anzeige und den Zeitraum der Schaltung fest. Auch in puncto Preisgestaltung hat Facebook einen anderen Ansatz als Google. Obwohl beide Systeme auf einem Auktionsmodell basieren, bietet Facebook die Möglichkeit, das Bezahlmodell selbst auszuwählen.

→ Verrechnung nach Impressionen (Einblendungen) je 1000 Einblendungen (CPM – Cost-per-Mille) in der zuvor ausgewählten Zielgruppe

→ Verrechnung nach Klicks (CPC – Cost-per-Click) – Gewertet wird die Interaktion, die Sie zuvor bei der Zielgruppendefinition ausgewählt haben, wie z.B. Klick auf Ihre Website oder „Gefällt mir"-Klick auf Ihre Facebook-Unternehmensseite.

Die meisten Werbetreibenden wählen die CPC-Methode zur Abrechnung. Wollen Sie aber in einer breit angelegten Aktion möglichst viele Menschen erreichen (z.B. Kampagne zur Markenbildung), dann ist die CPM-Methode besser geeignet.

Genauso wie bei Google erfolgt die Abrechnung bei Facebook nach dem „Auktionsprinzip". Das bedeutet: Facebook schlägt einen Betrag vor und der Höchstbietende erhält den Zuschlag. Das heißt, dessen Anzeige wird den Nutzern präsentiert. Damit Ihre Anzeige auch tatsächlich erscheint, sollten Sie das Maximalangebot von Facebook annehmen oder sogar manuell überbieten.

Werbung auf Facebook unterliegt klaren Richtlinien, an die sich jeder Werbetreibende halten muss. Eine Missachtung der Regeln führt zu Sanktionen. Bevor Ihre Anzeige freigeschalten wird, überprüft Facebook noch, ob sie den Bedingungen von Facebook entspricht. Ist dies nicht der Fall, müssen Sie entsprechende Änderungen vornehmen.

Facebook bietet umfangreiche Statistiken als Feedback zu Ihrer Anzeige und Informationen über die Nutzer, die mit Ihrer Anzeige interagieren. Die Statistiken finden Sie unter dem Menüpunkt „Berichte".

Der Bericht umfasst folgende Parameter:

→ Leistung der Werbeanzeigen

→ Demografie der Antwortenden

→ Handlungen nach Impressionszeit

→ Interaktionen

→ Neuigkeiten

Sie können auch vergangene Kampagnen mit aktuellen Berichten vergleichen. Je häufiger Sie auf Facebook Anzeigen schalten, desto mehr Erfahrung sammeln Sie. Sie bekommen mit der Zeit ein gutes Gespür dafür, welche Inhalte, Bilder und Texte bei der Zielgruppe Anklang finden.

Google+ - Was bleibt nach dem Relaunch 2017?

Google+ zählt im deutschsprachigen Raum zehn Millionen Mitglieder. Allerdings sind im Vergleich zu Facebook nur wenige aktive Nutzer darunter.

Google+ führte lange Zeit ein Schattendasein hinter Facebook. Für manche mag es eine Alternative zu Facebook gewesen sein, andere haben Google+ gar nicht angenommen. War doch ein Großteil der User zugleich auch auf Facebook, womit man keinen Reichweiten-Zuwachs erzielen konnte.

2007 hat Google+ einen Relaunch vollzogen und sich zum Netzwerk für Bildersammlungen à la Pinterest entwickelt. Google+ spricht damit vorwiegend ein Nischenpublikum an. Während sich auf Facebook jeder trifft, tauschen auf Google+ Communities wie Technik, Design und Fotografie ihre Bilder aus. 74 Prozent der Google+-User sind männlich, Top-Berufsgruppen sind Ingenieure, Entwickler und Designer. Wenn Sie also diese Zielgruppe ansprechen möchten, dann sind Sie möglicherweise auf Google+ richtig. Die meisten anderen Zielgruppen sind jedoch auf Pinterest in größerer Zahl vertreten.

Aus diesen Gründen hat sich Google+ in punkto Marketing und Lead-Generierung mit dem Relaunch 2017 noch weiter ins Out geschossen.

YouTube - Mit YouTube-Videos zu einem Spitzenplatz bei Google

YouTube hat mit 50 Millionen Nutzern im deutschsprachigen Raum die größte Reichweite unter den Social Media gleichauf mit Facebook. Als Video-Plattform des Google-Konzerns lebt YouTube alleine von Werbe-Einnahmen, die automatisch als Vorspann zu Videos erscheinen. Mitgliedschaften im engeren Sinn gibt es keine. Personen und Unternehmen können aber einen eigenen Kanal einrichten, in dem alle Videos dieses Nutzers hochgeladen werden. Andere Nutzer, die einzelne Videos ansehen, können diese kommentieren, teilen und bewerten. Abonnenten eines Kanals werden laufend über neue Videos informiert. Leider gibt es keine Funktionen, über die Sie proaktiv neue Abonnenten ansprechen und Leads gewinnen können.

Optimieren Sie Ihre YouTube-Videos für Google & Co. Suchmaschinen lieben Videos. Videos landen in den Suchanzeigen bei Google meist vor Texten. Holen Sie so Ihre Interessenten ab und führen Sie diese auf Ihre Website.

Erstellen Sie Videos über Ihr Unternehmen! Der Mensch ist ein emotionales Wesen, das etwas erleben möchte. Videos transportieren diese Emotionen viel leichter und vor allem schneller als Texte oder Bilder. Weitere Vorteile von YouTube:

→ Einfaches Hochladen und Verbreiten eigener Videos
→ Einbinden der Videos in die eigene Website
→ Einfaches Verbreiten der Videos über Social Media
→ Suchmaschinen-Optimierung bringt neue Seher
→ Videos werden von Suchmaschinen bevorzugt!
→ Verbessern des Rankings Ihrer Website durch Verlinkung zu YouTube
→ Analysieren der Zugriffe über ein eigenes Analyse-Tool

Wie Sie über YouTube Leads und Neukunden generieren

Erstellen Sie Ihren eigenen YouTube-Kanal, den Sie auf Ihrer Website bewerben. Optimieren Sie Ihren Kanal mit Bildern und Beschreibungen und ebenso im Hinblick auf Suchmaschinen: Setzen Sie einen Link zu Ihrer Website und fügen Sie Suchbegriffe hinzu, nach denen Ihr Video gefunden werden soll.

Geben Sie in jeden Abspann Ihrer Videos den Link zu Ihrer Website bzw. Landing Page. Fordern Sie die Zuseher auf, Ihr Video zu liken, zu teilen, zu kommentieren und Ihren Kanal zu abonnieren. Interagieren Sie so mit Ihrer Zielgruppe. Möchten Sie Ihre Marke stärken, dann nützen Sie die Macht von Profi-YouTubern mit vielen Tausenden Followers als Influencer und Markenbotschafter. Sie erreichen damit vorwiegend junges Publikum im Bereich Lifestyle. Allerdings schlagen sich die Honorarsätze der Profi-YouTuber mit einigen Tausend Euro zu Buche.

Führen Sie Ihre Video-Seher auf Ihre Website und holen Sie diese Interessenten dort mit Leadmagneten ab. Laden Sie Ihre Kunden und Kontakte ein, Ihren Kanal zu besuchen und ihn zu abonnieren.

Twitter - Zwitschern Sie Ihre Nachrichten in 280 Zeichen

Tweets sind Kurznachrichten mit – seit 2017 – maximal 280 Zeichen. Sie leben von Aktualität und Regelmäßigkeit. Aus diesem Grund ist Twitter auch in der Nachrichten- und Medienbranche besonders beliebt. Im deutschsprachigen Raum twittern 3,5 Millionen Menschen.

Twitter wird vorwiegend von männlichen Usern als Informationsportal zu Sportthemen oder zum aktuellen Zeitgeschehen genutzt. Unter den Top-100-Kanälen befinden sich vorwiegend Prominente, Fußballstars und Nachrichtenseiten.

Twitter ist ein sehr schnelllebiges Medium. Während bei einem aktiven Facebook-Nutzer ein Newsfeed oft einen Tag im sichtbaren Bereich bleibt, lösen sich Tweets bei aktiven Twitter-Usern innerhalb weniger Stunden oder sogar Minuten ab. Eine Botschaft muss hier schon knackig sein, um aufzufallen und gelesen zu werden. Leider fehlt eine Funktion, um nach Zielgruppen-Kontakten zu suchen. Dafür hat Twitter folgende Vorteile:

➡ Anteasern von Themen ohne viel Text
➡ Über Trends mitreden
➡ Aktuelle Nachrichten rasch und einfach verbreiten
➡ Selbst interessanten Menschen folgen
➡ Followers für die eigenen Tweets gewinnen

Aktives Twittern ist wie Pingpongspielen mit News. Haben auch Sie zwitschernswerte Neuigkeiten? Dann zwitschern Sie los!

Wie Sie über Twitter Leads und Neukunden generieren

Erstellen Sie Ihr Profil und optimieren Sie dieses mit Bildern und Informationen. Bewerben Sie Ihr Twitter-Profil auf Ihrer Website.

Schreiben Sie häufig Tweets (mindestens einmal täglich, besser sogar mehrmals täglich) und fügen Sie Links dazu. Folgen Sie Leuten, die selbst viele Followers haben und die gleichen Interessen mit Ihnen teilen. Wenn Sie über dieses Thema spannend posten, folgen diese Followers auch Ihnen. Bitten Sie andere Leute, Sie zu retweeten. Durch das „Weitersagen" sind Sie auch am Rande Ihres Twitter-Netzwerks präsent.

Verwenden Sie #-Tags in Ihren Postings. Über diese Suchworte knüpfen Sie Kontakt zu Menschen mit ähnlichen Interessen. Suchen Sie selbst per # nach Themen und folgen Sie interessanten Menschen. Einige davon folgen dann wiederum Ihnen. Achten Sie auf das Verhältnis von „Folge ich" zu „Followers". Nur über „Folge ich" kommen Sie auch zu „Followers".

LinkedIn – Wenn Klasse statt Masse zählt

LinkedIn ist weltweit das größte berufliche Netzwerk. Mit sechs Millionen registrierten Accounts und 1,5 Millionen Nutzern liegt es im deutschsprachigen Raum aber weit hinter XING. Dafür punktet LinkedIn durch seine Internationalität. Im deutschsprachigen Raum nützen hauptsächlich Mitarbeiter internationaler Konzerne LinkedIn. Die Mitglieder stammen aus mehr als 200 Ländern und es sind 19 Sprachversionen verfügbar. LinkedIn gehört zu den 20 weltweit meistbesuchten Internetseiten.

Sind Sie international aktiv? Dann kommen Sie um LinkedIn nicht herum. Es wird dann allerdings hin und wieder notwendig sein, in Englisch zu kommunizieren.

LinkedIn hat ähnliche Funktionen wie XING, wenn es darum geht, Kontakte zu knüpfen. Allerdings steht die wichtige Suchfunktion erst ab der Business-Mitgliedschaft zur Verfügung. Vorteile von LinkedIn:

→ Weltweit die Nummer eins im B2B
→ Profil in mehreren Sprachen
→ Sehr aussagekräftige Profile
→ Ideal für den Aufbau eines Experten-Status über die Fachbeiträge, genannt „Pulse". Diese lassen sich gut zur eigenen Website verlinken.
→ Ideal für Recherchen über Personen
→ Mitglieder kommen aus eher größeren Unternehmen

Wie Sie über LinkedIn Leads generieren

Optimieren Sie Ihr Profil mit Bildern und Informationen und bewerben es auf Ihrer Website.

Finden Sie interessante Kontakte über die Suchfunktion, wobei Ihnen LinkedIn Menschen mit ähnlichen Profilen vorschlägt. Weitere Mitglieder können Sie über deren E-Mail-Adresse oder Namen finden. Vernetzen Sie sich mit diesen, indem Sie eine Kontaktanfrage senden.

Schreiben Sie Fachartikel („Pulse"). Hier liegt die große Stärke von LinkedIn im Vergleich zu XING. Generieren Sie so Followers für Ihre nächsten Artikel. Leider hat LinkedIn die Veranstaltungsfunktion bei einem der letzten Updates gestrichen.

Treten Sie Gruppen mit gleichen Interessen bei, vernetzen Sie sich mit Menschen, die Ihr Profil betrachtet haben, und lassen Sie sich von bestehenden Kontakten weiterempfehlen.

Pinterest - Pinnen Sie sich zu mehr Besuchern auf Ihrer Website

Die digitale Pinnwand Pinterest zählt im deutschsprachigen Raum 2,5 Millionen Mitglieder. Die Idee von Pinterest ist es, gemeinsame Interessen in Form von Bildern auszutauschen. Die Nutzer heften Bilder mit Beschreibungen an virtuelle Pinnwände. Andere Nutzer teilen diese Bilder (repinnen), klicken „Gefällt mir" oder kommentieren diese.

Lässt sich Ihr Angebot gut in Bildern darstellen? Dann ist Pinterest Ihre Plattform. Leider gibt es keine Funktion, um nach Zielgruppen-Kontakten zu suchen und proaktiv auf andere Nutzer zuzugehen. Dafür hat die Plattform folgende Vorteile:

→ Präsentieren der eigenen Marke in Bildern
→ Präsentieren von Themen und Ideen in Bildern
→ Nutzen der Bilder-Sharing-Community für Ihr Marketing
→ Locken von Besuchern auf die eigene Website
→ Aufbau von wichtigen Social Media Backlinks für die Suchmaschinen-Optimierung

Wie Sie über Pinterest Leads und Neukunden generieren

Voraussetzung ist ein Profil bei Pinterest. Optimieren Sie Ihr Profil mit Ihrem Logo und Informationen und bewerben Sie es auf Ihrer Website.

Erstellen Sie eine eigene Pinnwand für jedes Ihrer Produkte bzw. Themen und stellen Sie aktuelle Bilder ebenso darauf wie Info-Grafiken.

Fügen Sie einen Text sowie einen Link zu Ihrer Website dazu. Bewerben Sie Ihr Gratis-E-Book oder ein anderes Freebee auf Ihrer Pinnwand und führen Sie so Ihre Pinnwand-Besucher auf Ihre Website. Gewinnen Sie Followers für Ihre Beiträge und interagieren Sie mit diesen.

Instagram – Die junge Zielgruppe lässt Bilder sprechen

Instagram ist derzeit das am schnellsten wachsende soziale Netzwerk. Von den zehn Millionen Usern im deutschsprachigen Raum gehören 37 Prozent der Altersgruppe zwischen 14 und 29 an. Bei den Nutzern über 30 bzw. über 50 Jahren sind es dagegen nur vier bzw. ein Prozent. Instagram gehört zum Facebook-Imperium und ist daher auch Teil des Facebook-Werbenetzwerks.

Wie Sie über Instagram Neukunden generieren

Grundsätzlich ist Instagram für jedes Unternehmen geeignet, das Produkte oder Dienstleistungen anbietet, die sich gut durch Bilder präsentieren lassen, wie z.B. Fotografen, Floristen, Hochzeitsplaner, Modelabels, Schmuck, Kosmetik u.v.m.

Legen Sie für Ihr Unternehmen einen eigenen Account an. Neu sind neben den persönlichen Profilen die Unternehmensprofile.

Tragen Sie ein Profilbild, einen kurzen Infotext sowie einen Link zu Ihrer Website bzw. Ihrer Landing Page ein. Dazu können Sie Geschäftsadresse, Telefonnummer und E-Mail-Adresse eintragen. Da im Gegensatz zu anderen Social Media kein Link direkt auf einem Posting einbaut werden kann, ist es besonders wichtig, dass der potenzielle Interessent über die Profilbeschreibung auf Ihre Website findet.

Nutzen Sie auch den Kontakt-Button auf dem Profil. Dort können Sie Ihren Followern direkte Kontaktmöglichkeiten anbieten: Anruf, SMS, E-Mail.

Die Kommunikation auf Instagram verläuft über Bilder, wenige Worte und vor allem Hashtags (#). Mit ihnen kategorisieren und kommentieren Sie das gepostete Bild. Blickt ein User auf den Hashtag, werden alle darunter verschlagworteten Postings weiterer Instagram-Mitglieder angezeigt. Somit spielt die Verwendung der passenden Hashtags eine signifikante Rolle, da die User oft von Hashtag zu Hashtag surfen und sich von den Bildern inspirieren lassen. Unter dem Hyperlink https://top-hashtags.com/ können Sie beliebte

Schlagwörter zu bestimmten Themenfeldern oder die aktuell am häufigsten genutzten Hashtags finden. Je besser Ihre Hashtags, desto mehr Reichweite können Sie erzielen.

Ähnlich wie bei YouTube kann es auch bei Instagram sinnvoll sein, Influencer mit einer hohen Zahl an Followern als Markenbotschafter zu engagieren.

Instagram dient vor allem Marken dazu, ihren Marken- und Produktwert mit anspruchsvollen Bildern erlebbar zu machen. Es ist aber weniger dazu geeignet, unmittelbar Leads zu generieren, da in die einzelnen Postings keine Links zu einer Landing Page eingebaut werden können. Diese Möglichkeit besteht nur bei bezahlten Instagram Ads, die über die Facebook-Werbeplattform geschaltet werden können.

Kapitel 7:

Webinar-Akquise

Sparen Sie die Zeit im Stau oder auf der Autobahn. Begeistern Sie online. Mit einem Webinar erreichen Sie 100 potenzielle Kunden auf einen Streich! Und das Beste daran: Die wirklich Interessierten kommen nach dem Webinar meist von alleine auf Sie zu. Erfahren Sie in diesem Kapitel, wie Sie per Webinar das Kaufinteresse wecken und einen Nachfrage-Sog auslösen.

Warum auch Sie bei Ihrer Akquise auf Webinare setzen sollten

Das Wort „Webinar" kommt ursprünglich aus dem Bildungsbereich und setzt sich aus den zwei Wörtern „Web" + „Seminar" zusammen. Es bedeutet also „Seminar, das via Internet stattfindet". Im Akquise-Bereich verstehen wir unter dem Begriff Präsentationen bzw. Vorträge im Internet.

In den letzten Jahren hat sich im Vertrieb ein dramatischer Wandel vollzogen. Immer mehr Unternehmen kürzen ihre Budgets, bauen Mitarbeiter ab bzw. stellen keine neuen mehr ein. Grund dafür ist, dass der klassische Vertriebsweg immer weniger funktioniert und daher immer weniger rentabel ist. Noch bis vor wenigen Jahren hat eine Truppe an Mitarbeitern per telefonischer Kalt-Akquise persönliche Termine für einen darauf folgenden Außendienst-Besuch gekeilt. Die Außendienst-Mitarbeiter fuhren dann quer durch das Land und versuchten, diesen Interessenten ihre Produkte zu verkaufen.

Durch das Internet hat sich das Informationsverhalten der Menschen komplett geändert. Wir informieren uns heute eigenständig im Internet darüber, was uns interessiert und was wir brauchen. Wir recherchieren Berichte über Produktvorteile und tauschen uns auf Social-Media-Plattformen mit anderen Nutzern aus. Wir reflektieren immer weniger darauf, wenn uns jemand unvermittelt anruft und uns irgendwelche Produkte anbietet, von denen wir gar nicht wissen, ob wir sie überhaupt brauchen. Wer hat heute noch Zeit für Termine mit fremden Verkäufern, um sich einmal anzuhören, was dieses Unternehmen anbieten kann? Das ist auch der Grund, warum telefonische Kalt-Akquise nicht mehr funktioniert. Das heißt, wir brauchen eine neue Lösung im Vertrieb.

In vielen Branchen sind Webinare eine gute Alternative zur klassischen Akquise. Webinare sind deshalb so erfolgreich, weil sie auf zwei wichtigen Prinzipien beruhen.

Sog-Marketing: Wir haben uns in Kapitel 1 „Die Marketing-2.0-Strategie" schon ausführlich mit dem Thema Sog-Marketing befasst. Auch Webinare gehören zu den Instrumenten des Sog-Marketings. Webinar-Inhalte, die nützliche Problemlösungen präsentieren, haben das Potenzial, einen großen Nachfrage-Sog auszulösen.

One-to-many-Prinzip: Dieses Prinzip bedeutet, dass Sie mit einem Webinar 30, 50, 100 oder mehr Interessenten zugleich ansprechen. Bestimmt kennen Sie dieses Prinzip schon aus dem Vortrags-Marketing. Ein Experte hält einen Vortrag an einem realen Ort zu einem spannenden Thema und versucht so, Kunden zu akquirieren. Die meisten Vortragenden werden bestätigen, dass Vortrags-Marketing wirklich hochwertige Leads und neue Kunden bringt. Der Vorteil des One-to-many-Prinzips besteht darin, dass Sie es sich ersparen, den gleichen Inhalt jedem einzelnen Interessenten in einem eigenen Gespräch zu vermitteln. Statt 100 Stunden Präsentationszeit bei 100 Interessenten, präsentieren Sie per Webinar an 100 Interessenten zugleich in nur einer Stunde! Außerdem entfallen die Kosten für den Saal, die Bewirtung und die Anreise. Wenn also 100 Menschen an Ihrem Webinar teilnehmen, haben Sie auch 100 Verkaufs-Chancen. Die Abschlussquoten nach einem Webinar sind in etwa gleich hoch wie nach einem Präsenz-Vortrag. Und mehr als doppelt so hoch wie bei einem Termin, der aus einer Kalt-Akquise stammt.

Neben Live-Webinaren gibt es auch die Möglichkeit **automatisierter Webinare** („Webinare on demand"). Hier wird ein aufgezeichnetes Webinar abgespielt und oft eine Live-Situation simuliert, indem aufgezeichnete Chat-Fragen und -Antworten eingeblendet werden. Automatisierte Webinare werden meistens in Kombination mit einem Facebook Ad verwendet. Abhängig vom Zeitpunkt, zu dem ein Interessent aus Facebook auf die Webinar-Ankündigung klickt, werden drei verschiedene Termine zur Auswahl angeboten. Diese Termine liegen alle entweder noch am selben Tag oder zumindest in den nächsten drei Tagen. Im Unterschied zu einem Video bleibt die Webinar-Situation erhalten. Der Teilnehmer kann nicht nach vorne oder nach hinten spulen, sondern er muss der vorgegebenen Dramaturgie folgen. Aufgezeichnete Webinare machen nur dann Sinn, wenn sich immer nur ein Teilnehmer nach dem anderen anmeldet und diese Teilnehmer (oftmals jeder für sich alleine) relativ zeitnah an einem Webinar teilnehmen sollen. Live-Webinare dagegen finden grundsätzlich immer vor einer Gruppe von Teilnehmern statt, die zur gleichen Zeit im Webinar-Raum anwesend sind.

Der Erfolg eines Webinars beruht auf den drei Faktoren Vertrauen, Kompetenz und Angebot. Bauen Sie Ihr Webinar anhand dieser Dreisprung-Formel auf:

1. Vertrauen aufbauen

Sorgen Sie gleich zu Beginn des Webinars dafür, dass Ihre Teilnehmer zu Ihnen Vertrauen aufbauen. Das gelingt am besten, wenn Sie die Teilnehmer wissen lassen, dass Sie deren Probleme kennen und dafür eine passende Lösung präsentieren. Bei einem Webinar punkten Sie zu 88 Prozent über Ihre Stimme. Diese ist beim Webinar der größte Sympathiefaktor. Trainieren Sie Ihre Stimme und Rhetorik und überzeugen Sie Ihr Publikum.

2. Kompetenz beweisen

Stellen Sie im Verlauf des Webinars Ihre Kompetenz unter Beweis. Präsentieren Sie nur Lösungen, die für die Teilnehmer relevant sind, und bieten Sie immer wieder Aha-Erlebnisse mit Inhalten, die für die Teilnehmer neu sind. Ein souveräner Präsentations-Stil verleiht zusätzliche Glaubwürdigkeit. Zeigen Sie den Teilnehmern, dass Sie wirklich Experte auf Ihrem Gebiet sind.

3. Über attraktive Angebote informieren

90 Prozent des Webinars muss Inhalt sein, der Ihr Publikum überzeugt. Der Inhaltsteil dient dazu, mit den Teilnehmern „warm" zu werden und den Verkauf im späteren Werbeblock vorzubereiten. Der Werbeblock darf maximal zehn Prozent der Webinar-Dauer betragen und findet gegen Ende des Webinars statt. Ködern Sie Ihr Publikum mit einem attraktiven Webinar-Angebot, das nur für Teilnehmer gilt.

Vorteile von Webinaren

→ Nützen Sie Webinare zur Vorbereitung des Verkaufs. Die Erfolgsquote von Webinaren ist sehr hoch. Dazu liegen die Kosten eines Webinars bei nur 25 Prozent einer vergleichbaren Telefonmarketing-Aktion.

→ Webinare sind gute Köder, um in Social-Media-Kanälen Leads zu generieren. Haben Sie ein spannendes Thema für Ihr Webinar? Dann machen Sie es in XING, Facebook & Co bekannt. Webinare sind ein beliebter Leadmagnet, den viele Internet-Nutzer gerne annehmen. Je interessanter Ihr Thema für Ihre Zielgruppe ist, desto mehr Teilnehmer für Ihr Webinar generieren Sie. Und desto mehr Leads landen in Ihrem E-Mail-Verteiler.

→ Die Teilnehmer können anfangs völlig anonym bleiben. Für die Teilnahme am Webinar ist nur eine E-Mail-Adresse erforderlich. Vielen Interessenten ist eine anonyme Teilnahme am Webinar zum Schnuppern ohnedies lieber als ein persönlicher Besuch, in dem man gleich zur Sache kommt.

→ Ein spannendes Webinar schafft es, Bedarf zu wecken, wo vorher nur bloßes Interesse am Thema vorhanden war. In einer Stunde haben Sie genug Zeit, um die Probleme der Zuhörer anzusprechen, latente Vorbehalte zu entkräften und dem Publikum die Vorteile Ihrer Lösung zu präsentieren.

→ Webinare sind ideal bei erklärungsbedürftigen Produkten. Der Grund dafür ist, dass Sie eine Stunde lang Zeit haben, alle Erklärungen und Zusammenhänge zu präsentieren. Die Zeit reicht sogar für Anwendungsbeispiele, eine Online-Demonstration oder ein Video.

→ Die Präsentation im Webinar vereinfacht und beschleunigt ein nachfolgendes persönliches Gespräch. Im Webinar hat der Teilnehmer erfahren, worum es geht. Er hat seinen Bedarf erkannt und hat nun konkrete Fragen. Im anschließenden persönlichen Gespräch braucht der Verkäufer die Thematik nicht mehr von Anfang an zu erklären, da der Kunde schon gut informiert ist. Im persönlichen Gespräch geht es nun nur noch um die konkrete Problemstellung und die Lösung für den jeweiligen Kunden. Das kürzt die Anzahl der Gespräche und auch deren Dauer erheblich ab.

→ Webinare sind unabhängig vom Ort. Der Wegfall der Wegkosten und -zeit erlaubt auch die Betreuung räumlich weiter entfernter Leads und Kunden, für die sich ansonsten die Anfahrt nicht lohnen würde. Mit Webinaren können Sie ganz einfach Ihr Einzugsgebiet erweitern.

→ Sie sparen bei Ihrer Akquise leere Kilometer und viel Zeit. Im Sinne des Sog-Marketing melden sich nur wirklich interessierte potenzielle Kunden bei Ihnen. Daher ist die Umwandlungsquote von Interessenten in Kunden damit deutlich höher als bei anderen Akquise-Methoden.

→ Sie werden bekannt und bauen Ihren Status als Experte aus. Wenn Sie regelmäßig Webinare zu unterschiedlichen Themen anbieten (z.B. einmal in 14 Tagen), dann bekommen Ihre Webinare schon bald eine Eigendynamik. Teilnehmer von heute empfehlen Ihr Webinar an zukünftige Teilnehmer. Auch verbreiten sich interessante Webinare viral im Internet.

→ Mit Webinaren erreichen Sie auch wichtige Entscheidungsträger, die sich für lange Meetings gar keine Zeit nehmen würden. Entscheidungsträger schätzen an Webinaren die große Zeit-Effizienz.

→ Mittels Webinar-Technik lassen sich leicht hochkarätige Experten in das Webinar einbinden. Obwohl der Moderator und der Experte vielleicht 1000 km voneinander entfernt eingeloggt sind, wirkt es für das Publikum, als ob sie am gleichen Tisch sitzen würden.

Akquise-Webinare funktionieren in fast alle Branchen. Besonders beliebte Branchen sind unter anderen:

→ Trainer, Coaches, Berater aller Sparten
→ Anbieter von Seminaren und Kursen
→ Anbieter von Software (Möglichkeit zur Live-Demo)
→ Anbieter von digitalen Informationsprodukten (z.B. Video-Kurse, Mitgliedschaften, E-Books)
→ Finanzdienstleister
→ Versicherungen zur Makler- und Kunden-Betreuung
→ und viele andere mehr

Wie die Webinar-Akquise funktioniert

Die Webinar-Akquise funktioniert in sechs Schritten.

1. Webinar benennen

Geben Sie dem Kind einen Namen. Legen Sie zuerst ein Thema für Ihr Webinar fest. Orientieren Sie sich dabei am Hauptproblem der Zuhörer. Finden Sie einen zugkräftigen Titel. Der Erfolg Ihres Webinars hängt zu einem Großteil von Thema und Titel ab.

2. Webinar bewerben

Machen Sie Ihr Webinar bekannt. Bewerben Sie es auf Ihrer Website und in Ihren Social-Media-Kanälen. Nützen Sie auch E-Mail-Marketing. Laden Sie die Leads aus Ihrem E-Mail-Verteiler ein.

3. Präsentieren

Präsentieren Sie im Webinar „Ihr" Thema live. Nichts geht über eine Live-Präsentation, in die Sie Ihr Publikum interaktiv einbinden. Alternativ können Sie auch automatisierte Webinare anbieten, die jedoch nicht ganz so wirkungsvoll sind wie Live-Webinare. Achtung: Ein Webinar ist *keine* digitale

Kaffee-Fahrt. Bieten Sie Ihren Teilnehmern echtes Expertenwissen und praktische Tipps. 90 Prozent des Webinar-Inhalts muss Information zum Thema sein. Nur zehn Prozent dürfen auf die Präsentation Ihres Unternehmens, Ihrer Produkte und Dienstleistungen entfallen!

4. Begeistern

Begeistern Sie Ihr Publikum mit nützlichen Tipps und Expertenwissen. Auch hier ist der Mehrwert für die Teilnehmer gefragt. Nur so kann sich der Sog-Effekt entfalten.

5. Filtern

Filtern Sie nach dem Webinar die „heißen" Kontakte aus. Üblicherweise melden sich die Interessenten ohnedies von alleine. Der Hinweis auf ein kostenloses Informations-Gespräch reicht aus.

6. Verkaufen

Vereinbaren Sie mit den „heißen" Kontakten ein Telefon-, Skype- oder ein persönliches Gespräch. Gehen Sie näher auf den Bedarf des jeweiligen Interessenten ein. Beantworten Sie Fragen. Und verkaufen Sie.

Bei der Umsetzung von Webinaren kommt es auf fünf wichtige Bereiche an:

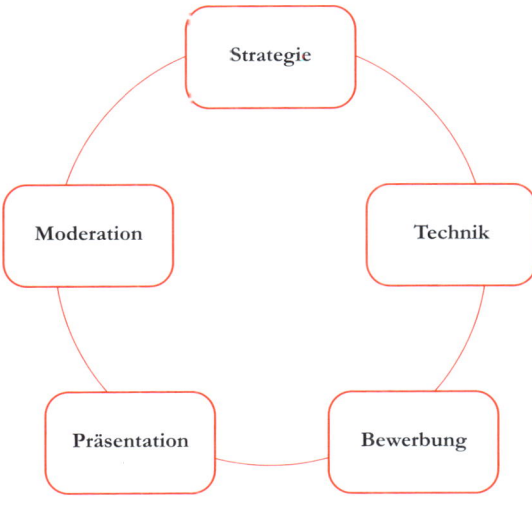

1. Die Strategie

Wenn Sie ein Webinar planen, stellen Sie sich zunächst folgende Fragen:

→ Was ist Ihr Ziel für das Webinar? Leads generieren, informieren, einen Experten-Status aufbauen, Termine für ein Verkaufsgespräch anbahnen oder direkt verkaufen (Webshop)?

→ Wer ist Ihre Zielgruppe? Leads oder bestehende Kunden (es ist sinnvoll im Sinne von Cross-Selling, auch bestehenden Kunden neue Angebote zu präsentieren)?

→ Welches Problem löst das Webinar? Ein gutes Webinar ist immer auf ein Problem aufgebaut. Überlegen Sie gut, was das brennendste Problem Ihrer Teilnehmer ist.

→ Welches Thema behandelt das Webinar? Ein gutes Webinar bezieht sich immer auf ein Thema – nicht auf ein Produkt. Das Webinar hat die Aufgabe, die potenziellen Kunden schon sehr früh in der Kaufentscheidungs-Phase anzusprechen. Den potenziellen Kunden ist erst einmal das Problem bewusst, aber sie wissen noch nicht, ob es dafür eine Lösung gibt und wie diese aussehen kann.

→ Welchen Mehrwert bietet das Webinar? Das Mindeste an Mehrwert sollte sein, dass der Webinar-Teilnehmer einen Lösungsvorschlag für sein Problem erhält. Weitere Mehrwerte sind Fachwissen, gute Tipps, Erfahrungsberichte und Austausch im Chat mit anderen Teilnehmern.

→ Wie lange dauert das Webinar? Üblich sind 30, 45, 60 oder 90 Minuten. Akquise-Webinare dauern meist zwischen 30 und 60 Minuten.

→ Wann findet das Webinar statt? Der ideale Zeitpunkt hängt davon ab, wann Ihre Zielgruppe am besten Zeit hat. Webinare für B2B-Teilnehmer finden meist am Vormittag oder am Nachmittag statt. Es gibt aber auch Branchen, die gerade zu Mittag am meisten Zeit haben. Webinare für Privatpersonen finden meist am frühen Abend statt. Testen Sie unterschiedliche Beginnzeiten. Finden Sie heraus, welcher Zeitpunkt die meisten Teilnehmer lukriert.

→ Was kostet die Teilnahme? Akquise-Webinare müssen für den Teilnehmer kostenlos sein. Um möglichst viele Teilnehmer zu lukrieren, muss die Eintritts-Schwelle niedrig sein. Ein zahlungspflichtiges Online-Seminar hat nicht den Zweck der Akquise, sondern ist bereits ein Produkt.

→ Wie oft soll das Webinar stattfinden? Auch bei Webinaren gilt: Einmal ist keinmal. Wenn Sie einen Status als Experte aufbauen möchten, sollten Sie regelmäßig Webinare abhalten. Im Idealfall haben Sie drei bis fünf verschiedene Themen, die Sie wechselnd anbieten. Eine Webinar-Sequenz hat auch den Vorteil, dass viele Teilnehmer mehrere Webinare zu unterschiedlichen Themen besuchen können. Auch hier gilt: Je mehr Kontakt Sie zu Ihren Leads haben, desto besser. Viele Leads brauchen mehrere Kontakte, bis sie sich zu einem Kauf entschließen. Gute Intervalle für Webinare sind einmal pro Woche, einmal alle 14 Tage oder einmal im Monat. Seltener sollten Sie keine Webinare abhalten, da so der Zusammenhang wegfällt. Ein Vorteil regelmäßiger Webinaren ist, dass Sie so eine eigene Community aufbauen können. Teilnehmer empfehlen Ihr Webinar im Internet weiter. Neue Teilnehmer melden sich von alleine an. Schon nach kurzer Zeit gewinnen Ihre Webinare an Eigendynamik.

→ Was soll das Publikum nach dem Webinar machen? Überlegen Sie schon vor dem Webinar, welche Interaktion Sie mit Ihren Teilnehmern wünschen. Soll der nächste Schritt ein kostenloses Informationsgespräch mit Ihnen, dem Experten, sein? Soll der Teilnehmer gleich direkt etwas aus Ihrem Webshop bestellen? Bieten Sie ein Test-Angebot, wie z.B. ein 30-minütiges Test-Coaching zum Preis von nur 19 Euro statt 75 Euro? Sagen Sie den Teilnehmern schon im Webinar, was Sie danach tun sollen. Wichtig: Legen Sie sich unbedingt ein spezielles Webinar-Angebot zurecht. Die Teilnehmer erwarten sich nach dem Webinar ein exklusives Sonderangebot. Dieses Webinar-Angebot sollte immer zeitlich limitiert sein (meist auf drei bis fünf Tage nach dem Webinar).

2. Die Technik

Webinare laufen über das Internet. Um selbst ein Webinar abhalten zu können, benötigen Sie eine Internet-Leitung mit einer starken Upload-Geschwindigkeit. Achten Sie darauf, dass Sie eine Leitung mit zumindest 170 kB Bandbreite haben.

Für die technische Abwicklung des Webinars gibt es eine Reihe von technischen Lösungen. Grundsätzlich unterscheiden wir hier zwischen einem gekauften Programm und einer Online-Plattform. Während große Unternehmen meist zu gekauften Programmen tendieren, bevorzugen kleinere Unternehmen und Einzelpersonen die günstigeren Online-Plattformen, die Ihnen folgende Vorteile bieten:

→ Sie brauchen nichts auf Ihrem Computer zu installieren, sondern greifen einfach übers Internet auf die Webinar-Plattform zu.

→ Auch die Teilnehmer brauchen nichts auf ihren Computer herunterzuladen. Bei gekauften Programmen müssen die Teilnehmer selbst ein Programm installieren. Das schreckt ab. In vielen Unternehmen ist es aus Sicherheitsgründen oft gar nicht möglich, ohne Administrator-Rechte eigenmächtig Programme am Arbeitsplatz zu installieren.

→ Es gibt günstige Preismodelle mit verschiedenen Paketen je nach Bedarf.

• •

SOFTWARE-LÖSUNGEN UND WEBINAR-PLATTFORMEN

→ **Software-Lösungen:** http://www.gotomeeting.de / http://adobeconnect.reflact.com

→ **Webinar-Plattformen:** www.edudip.com, www.webinarjam.com; automatisierte Webinare: http://webinaris.com

Der deutsche Anbieter Edudip bietet eine weitgehend stabile Lösung, die alle Anforderungen eines mittelständischen Unternehmens erfüllt. Veranstalter von Webinaren können eine eigene „Webinar-Akademie" anlegen, auf der alle Webinare dieses Veranstalters sichtbar sind. Zusätzlich besteht die Möglichkeit, seine Webinare am „Marktplatz" anzubieten. Das bringt den Vorteil, dass sich über diesen Kanal weitere Teilnehmer anmelden können.

Es gibt unterschiedliche Preismodelle, auch eine Gratis-Variante. Die Zahlung erfolgt monatlich oder auf Jahresbasis. Wenn Sie ein kostenpflichtiges Webinar veranstalten, kann die Zahlungsabwicklung auch über Edudip erfolgen. Webinare können aufgezeichnet werden.

Direkt aus Edudip lässt sich das Webinar auch in Facebook, XING und Twitter verbreiten sowie eine Einladung an die eigenen Kontakte versenden. Das ist auf der einen Seite zwar praktisch und spart Zeit. Auf der anderen Seite sind aber Ihre Teilnehmer dann in der Datenbank von Edudip gespeichert und nicht in Ihrer. Besser ist es daher, mit einer eigenen Landing Page zu arbeiten, über die sich alle Teilnehmer in einer zentralen Datenbank eintragen. Zusätzlich sollten

Sie Ihre bestehenden Leads bzw. Kunden über Ihr E-Mail-Versandprogramm einladen. Bei der Gratis-Variante und dem günstigeren Paket müssen sich die Teilnehmer vor der Teilnahme bei Edudip registrieren. Wenn Sie das nicht möchten, weil es ein zusätzlicher Filter ist, müssen Sie ein höherpreisiges Paket wählen. Dann erhalten Sie für jedes angelegte Webinar einen Direkt-Link zum Webinar-Raum.

●●

Haben Sie sich für eine Webinar-Plattform entschieden, dann legen Sie dort Ihre Webinare mit Terminen und Inhalten an. Entscheiden Sie, mit welchen Hilfsmitteln Sie arbeiten wollen: PowerPoint-Folien, Video-Einblendung, Webcam oder Screen Sharing (die Teilnehmer sehen Ihren Bildschirm). PowerPoint-Folien müssen schon vor dem Webinar hochgeladen werden, damit Sie diese dann präsentieren können.

Was Sie sonst noch brauchen, ist ein Mikrofon. Am günstigsten ist dafür ein USB-Headset. Damit stellen Sie sicher, dass der Ton gut übertragen wird.

Bevor Sie Ihr erstes Webinar abhalten, machen Sie sich mit den technischen Einstellungen Ihrer Webinar-Plattform vertraut. Hier sollten Sie insbesondere in Erfahrung bringen, wie Sie die Bandbreite Ihres Internet-Anschlusses testen, wie Sie die Folien weiterklicken, wie Sie den Ton anpassen, wie Sie den Chat bedienen und ein paar weitere Einstellungen mehr.

3. Die Bewerbung

Haben Sie einen Termin für Ihr erstes Webinar festgelegt? Dann folgt nun der wichtigste Schritt: die Gewinnung von Teilnehmern.

Ihr Webinar-Erfolg beruht auf drei Faktoren:

→ Attraktiver Einladungs-Text
→ Zielgruppengenaue Streuung der Einladung
→ Erinnerungs- und Nachfass-Mailings

Wie Sie Ihren Einladungs-Text attraktiv gestalten

Wecken Sie die Neugierde mit einem spannenden Webinar-Titel. Geben Sie eventuell einen Untertitel dazu, der aussagt, worum es geht. Fokussieren Sie die Einladung auf nur ein konkretes Thema.

Skizzieren Sie kurz das Problem der Teilnehmer. Formulieren Sie Fragen und versprechen Sie, diese im Webinar zu beantworten.

Beschreiben Sie kurz, worum es im Webinar geht bzw. führen Sie punktuell an, was der Teilnehmer im Webinar erfährt. Welchen Mehrwert und welchen Nutzen nimmt der Teilnehmer aus dem Webinar mit?

Liefern Sie klare Eckdaten: Datum (wichtig: Führen Sie immer den Wochentag mit an), Uhrzeit, Dauer, Name und Bild des Moderators (!).

Präsentieren Sie eventuell Stimmen zufriedener Teilnehmer oder fügen Sie ein kurzes Teaser-Video dazu. Im Video erklärt der Moderator, warum sich der Teilnehmer anmelden soll.

Geben Sie Ihre Kontaktdaten und ein Impressum dazu und zeigen Sie dem Leser der Einladung, wie er sich anmelden kann.

Bereiten Sie ein Anmeldeformular vor und verlinken Sie die Einladung mit dem Anmeldeformular.

● ●

BEISPIEL-TEXT FÜR EINE WEBINAR-EINLADUNG

Betreff: Gratis-Webinar: Wie Sie per E-Mail-Marketing Ihren Umsatz ankurbeln

Liebe Marketing-Freunde!

Wie verwandeln Sie Interessenten in Kunden? Wie reaktivieren Sie inaktive Kunden? Und wie maximieren Sie den Umsatz bei Ihren bestehenden Kunden?

E-Mail-Marketing ist die wirkungsvollste und kostengünstigste Marketing-Maßnahme für diese Ziele.

Möchten Sie wissen, worauf es wirklich ankommt, damit Ihr Mailing wirkt? Dann besuchen Sie mein Webinar „Magic Mailings".

Lernen Sie, wie Sie Ihr Power-Mailing in nur einer Stunde selbst gestalten!

Ich freue mich auf Ihre Teilnahme!

Herzliche Grüße

Margit Moravek

Jetzt Anmelden (Button – Link zum Anmeldeformular)

Erlernen Sie die „Magic-Mailings-Methode". Mit dieser zaubern Sie Ihre Akquise-Mailings auf 1, 2, 3 selbst aus dem Hut.

Was Sie in meinem Webinar erfahren:

→ Welche magischen Betreffzeilen Ihre Empfänger verzaubern

→ Wie Sie in nur 3 Sekunden Ihre Leser in Ihren Bann ziehen, sodass diese weiterlesen

→ Wie Sie herausfinden, was Ihre Leser wirklich interessiert und sie veranlasst, zu handeln

→ Was unbedingt im ersten Absatz Ihres Mailings stehen muss

→ Welche Schlüssel-Emotionen Sie in jedem Fall ansprechen müssen

→ Welche Worte Sie unbedingt vermeiden sollten

→ Wie Sie Ihr Mailing optisch bezaubernd gestalten

→ Wie Sie MEHR Antworten erhalten

→ Wie Sie zu Adressen kommen

Jetzt anmelden (Button, Link zu Anmeldeformular)

Ihr Vorteil:

Sie profitieren von absolutem **Experten-Wissen aus erster Hand**. Sie erhalten einen klaren **Umsetzungs-Leitfaden mit Handlungs-Empfehlungen.** Den Sie schon am nächsten Tag in die Praxis umsetzen können.

Jetzt anmelden: Link zum Anmeldeformular

• •

Wie Sie Ihre Einladung im Internet verbreiten

Um möglichst viele Teilnehmer zu gewinnen, muss Ihre Einladung einerseits eine hohe Reichweite erzielen. Andererseits muss die Streuung zielgruppengenau sein. Am besten erreichen Sie beide Ziele über die Kanäle E-Mail-Marketing, Social Media und Website.

→ Bewerben Sie Ihr Webinar auf Ihrer **Website**. Erstellen Sie dafür eine eigene Unterseite, auf die Sie die Einladung stellen. Wenn Sie häufig Webinare machen, ist ein Webinar-Kalender sinnvoll. Präsentieren Sie Ihr aktuelles Webinar auf der Startseite Ihrer Website und in der rechten Dialog-Spalte auf den Unterseiten.

→ Bewerben Sie Ihr Webinar per **E-Mail-Marketing**. Senden Sie die Einladung an alle Leads bzw. an Ihre bestehenden Kunden.

→ Bewerben Sie Ihr Webinar in **XING**. Nutzen Sie dafür die Veranstaltungs-Funktion. Laden Sie Ihre eigenen Kontakte zu Ihrem Webinar. Für mehr Reichweite können Sie Ihre Webinar-Einladung auch in den thematisch passenden Gruppen im für Veranstaltungen vorgesehenen Bereich posten.

→ Bewerben Sie Ihr Webinar in **Facebook**. Stellen Sie die Veranstaltung auf Ihre Unternehmensseite. Wenn Sie mehrere Webinare abhalten, dann legen Sie eine Unterseite „Webinar" an. Edudip bietet dafür eine eigene App. Posten Sie die Einladung zusätzlich in Ihrer Status-Meldung. Für mehr Reichweite können Sie Ihre Webinar-Einladung auch in den thematisch passenden Gruppen posten.

→ Wenn Sie auf weiteren **Social-Media-Plattformen** vertreten sind, dann posten Sie Ihre Einladung auch dort.

→ Suchen Sie nach **Themen-Plattformen**, auf denen Sie Ihre Einladung platzieren können. Nützen Sie dafür z.B. eine Branchen-Plattform, eine Regional-Plattform, eine Plattform für Hundefreunde etc. Achten Sie darauf, dass Ihr Webinar thematisch zu dieser Plattform passt.

→ Suchen Sie nach **Kooperationspartnern**, die Ihr Webinar ebenfalls für Sie bewerben. Erfolgsversprechend sind Kooperationen zwischen Partnern mit derselben Zielgruppe, aber einem unterschiedlichen Angebot. Einmal laden Sie Ihre Leads, Kontakte, Fans und Freunde zu einem Webinar Ihres Partners ein. Das nächste Mal bewirbt Ihr Partner Ihr Webinar.

Erfolgsverstärker Erinnerungs- und Nachfass-Mailings

Waren Ihre Einladungen erfolgreich? Haben Sie die gewünschte Anzahl an Anmeldungen erhalten? Nun kommt es darauf an, dass die Angemeldeten auch wirklich teilnehmen. Und im richtigen Webinar-Raum landen.

Planen Sie daher zwei Erinnerungs-Mailings an Ihre Teilnehmerliste. Senden Sie eine Erinnerung einen Tag vor dem Webinar und eine Stunde vor Beginn. Achten Sie darauf, dass die Teilnehmer unmittelbar vor dem Webinar nochmals den Link zum richtigen Webinar-Raum erhalten. Um die Erinnerung noch eindrücklicher zu gestalten, verweisen Sie in der Einladung nochmals auf die Kunden-Nutzen des Webinars. Wenn Sie keine Erinnerungs-Mailings versenden, riskieren Sie, dass viele Teilnehmer auf das Webinar vergessen.

Im Webinar hat der Teilnehmer Ihr Thema und Ihr Angebot kennengelernt. Jetzt geht es um den Erfolg. Verzichten Sie auf das Nachfassen, so verzichten Sie auch auf die Ernte! Versenden Sie daher unmittelbar nach dem Webinar eine Dankeschön-Mail. Bedanken Sie sich für die Teilnahme. Senden Sie wichtige Infos aus dem Webinar, wie z.B. einen Link zu einer Webinar-Aufzeichnung oder einem Folien-Download. In diesem Mailing weisen Sie nochmals auf das besondere Webinar-Angebot bzw. auf ein kostenloses Informations-Gespräch hin.

Ein bis zwei Tage später versenden Sie ein zweites Nachfass-Mailing. Fügen Sie hier zur Verstärkung einen zusätzlichen (neuen) Kunden-Nutzen hinzu. Sie können auch eine Story erzählen, in der ein Teilnehmer des Webinars Sie angerufen und gefragt hätte, ob das Angebot für ihn relevant sei. Erzählen Sie diese Story im Nachfass-Mailing. Der Leser identifiziert sich mit der Frage des anderen Teilnehmers und erkennt, dass das Angebot auch für ihn relevant ist.

Versenden Sie am Ablauftag des Angebots eine letzte Nachfass-Mail. Hier verweisen Sie nochmals auf das Top-Angebot und darauf, dass die Frist nun ausläuft. Sie werden überrascht sein, wie viele auf den letzten Drücker, also zwischen 23:00 und 24:00 des Ablauftages, noch reagieren. Nun haben Sie den Köder ausgelegt. Nun sind die wirklich an Ihrem Angebot Interessierten am Zug. Üblicherweise kommen diese jetzt von alleine auf Sie zu!

4. Die Webinar-Präsentation

Haben Sie schon einmal einen Vortrag vor einem Saal voller Menschen gehalten? Im Webinar ist vieles anders. Hier die Unterschiede zur klassischen Präsentation:

Fehlen des Blickkontakts

Im Webinar sprechen Sie zunächst einmal gegen einen Bildschirm. Sie sehen keine Teilnehmer und haben auch keinen Blickkontakt. Wie viele Teilnehmer sind da? Hört man Sie? Was sehen die Teilnehmer? Sind sie bei der Sache? Diese Fragen stellen Sie sich automatisch. Es ist, als ob Sie hinter einer Wand vortragen würden. Sie sehen zwar, wie viele Teilnehmer im Webinar-Raum anwesend sind und unter welchen Namen diese eingeloggt sind, eine

Interaktion im klassischen Sinne ist jedoch nicht möglich. Sie haben Blick auf den Bildschirm Ihres Computers und sprechen dabei. Wie das Publikum reagiert, sehen Sie nur im Chat. Am Anfang fällt es schwer, nur den Bildschirm anzusprechen, ohne ein Publikum zu sehen. Kein Wunder, dass anfangs das Lampenfieber groß ist. Das Einzige, was hier hilft, ist in eine gute Vorbereitung.

Multitasking

Für ein Webinar brauchen Sie gewisse Multitasking-Fähigkeiten. Sie müssen sich gleichzeitig auf Ihren Vortrag konzentrieren, ein Auge immer auf den Chat gerichtet haben und wissen, auf welchen Knopf Sie drücken müssen, um die Präsentation weiter zu klicken, etwas mit dem Pointer hervorzuheben oder den Chat aus- und einzuschalten. Auch wenn Sie bei Ihren ersten Webinaren etwas überfordert sind: Übung macht den Meister. Tipp: Suchen Sie sich für Ihre ersten Webinare einen Assistenten, der den Chat für Sie betreut.

Präsentations-Methoden

Wählen Sie die Präsentations-Methode, die zu Ihrem Thema passt:

→ **PowerPoint:** Diese Methode bietet sehr vielfältige Einsatzmöglichkeiten für jedes Thema. Der Vorteil: technisch stabil, auch bei einer geringen Internet-Bandbreite.

→ **Screen Sharing:** Geben Sie Ihren Bildschirm für Ihre Zuseher frei. Screen Sharing ist ideal für die Präsentation von Software. Technisch kann es bei einer schwachen Internet-Leitung zu Ausfällen kommen.

→ **Video:** Bauen Sie Emotionen in Form eines Videos in Ihr Webinar ein. Auch hier kann es bei einer schwachen Leitung zu technikbedingten Ausfällen kommen.

→ **Webcam:** Zeigen Sie sich Ihrem Publikum. Achten Sie darauf, dass im Hintergrund keine Störfaktoren zu sehen sind. Bei schwacher Internet-Leitung kann es zu technischen Ausfällen kommen.

Chat

Während bei einem Präsenz-Vortrag die Teilnehmer mit Handheben auf sich aufmerksam machen, funktioniert das beim Webinar mittels Chat. Der Chat ist auf der einen Seite eine gute Möglichkeit, die Teilnehmer interaktiv in das

Webinar einzubinden, auf der anderen Seite kann der Chat auch ganz schön ablenken. Überlegen Sie schon vor dem Webinar, wie viel Interaktion Sie möchten und ob die Teilnehmer zwischendurch Fragen stellen dürfen oder ob Sie Fragen erst am Ende in einer Frage-Runde beantworten. Wie wollen Sie mit unangenehmen Fragen, Anmerkungen, Störungen und Eigenwerbung im Chat umgehen? Manchmal sind die Teilnehmer wirklich wie ein Sack Flöhe und kaum zu bändigen. Wollen Sie die Teilnehmer zur Mäßigung aufrufen oder den Chat abstellen? Es kann aber auch andersherum sein: Manchmal schweigt der Chat völlig. Dann liegt es an Ihnen, das Eis zu brechen und Teilnehmer zur Mitarbeit zu motivieren.

Wie Sie Ihre Webinar-Präsentation klug aufbauen

Die meisten Webinare basieren auf PowerPoint-Vorträgen. Der Grund ist, dass die Folienpräsentation technisch am besten funktioniert. Wenn Sie mit einer Webcam arbeiten oder Videos einblenden, kann es leicht passieren, dass Teilnehmer mit einer schwachen Internet-Verbindung nichts sehen, nichts hören oder überhaupt aus der Leitung fallen. Deshalb ist es gut – auch wenn Sie mit einer anderen Präsentations-Methode arbeiten –, immer Folien als Backup vorbereitet zu haben.

Die Folien stehen währen der Präsentation im Mittelpunkt. Daher müssen diese sehr übersichtlich und leicht verständlich sein.

DIE WICHTIGSTEN FORMALEN RICHTLINIEN FÜR IHRE FOLIEN

→ Für jede neue Information brauchen Sie eine neue Folie – mehr als eine Information pro Folie drückt die Verständlichkeit. Servieren Sie also lieber mehr kleine Häppchen als ein fettes.

→ Präsentieren Sie alle ein bis drei Minuten eine neue Folie – bei einem Webinar muss sich etwas bewegen.

→ Mehr Bilder und weniger Text pro Folie ist das Gebot der Stunde, das heißt, es sollte sich deutlich weniger Text auf den Folien befinden, als bei einer herkömmlichen Präsentation!

→ Während Sie bei einer herkömmlichen Präsentation einzelne Punkte animieren und dann einblenden oder einfliegen lassen, funktioniert das bei einem

Webinar technisch nicht. Gestalten Sie daher Ihre Präsentation so, dass pro Folie nur ein einziger Punkt zu sehen ist. Aus sieben animierten Punkten werden also sieben Folien mit je einem Punkt. Sie können bis zu drei Punkte auf eine Folie geben, aber nur dann, wenn diese Punkte nicht erklärungsbedürftig sind, wie z.B. die Biografie des Moderators.

→ Der Bildschirm der Teilnehmer ist viel kleiner als eine Leinwand, auf die die Folien bei einem Live-Vortrag projiziert werden. Vermeiden Sie daher unbedingt komplexe Diagramme. Je einfacher Sie die Sachverhalte und Zusammenhänge erklären, desto besser.

→ Achten Sie bei Ihren Folien auf gute Kontraste zwischen Text und Hintergrund. Vermeiden Sie, Texte über ein Bild zu platzieren, da hier die Lesbarkeit leidet.

→ Halten Sie Ihre Folien schlicht. Verzichten Sie auf zu viele Corporate-Design-Elemente. Ein Logo und eine Website-Adresse reichen aus.

→ Verwenden Sie zur Orientierung der Teilnehmer Foliennummern.

→ Speichern Sie Ihre Folien als PDF und laden Sie diese dann in Ihr Webinar-System. Folien im Format PowerPoint funktionieren meist technisch nicht. Speichern Sie diese daher immer im Format PDF ab.

Wie Sie Ihre Präsentation inhaltlich aufbauen sollten

→ Begrüßungsfolie: Auf der Startfolie stehen der Titel und der Untertitel des Webinars sowie der Name des Moderators

→ Vorstellen des Referenten: Die Teilnehmer möchten wissen, mit wem sie es zu tun haben. Stellen Sie sich kurz vor und sagen Sie dem Publikum, warum Sie für Ihr gewähltes Thema Experte sind.

→ Agenda: Geben Sie den Teilnehmern einen Überblick über die Punkte, die im Webinar besprochen werden

→ Ausgangssituation (Problem): Starten Sie nun in den eigentlichen Teil, in dem Sie das Problem der Teilnehmer in den Raum stellen. Zeigen Sie, in welchen Situationen das Problem auftritt.

→ Frage mit dem Umfrage-Tool: Holen Sie sich Feedback, wie sehr die Teilnehmer vom Problem betroffen sind. Lassen Sie darüber mit dem Umfrage-Tool abstimmen oder holen Sie sich die Feedbacks im Chat.

- Was passiert, wenn nicht gehandelt wird? Schildern Sie den Teilnehmern, was passiert, wenn der Teilnehmer das Problem nicht löst.
- Kernbotschaft 1: Präsentieren Sie hier die erste Problemlösung.
- Aussage: Treffen Sie eine Aussage, wie diese Lösung dem Teilnehmer helfen kann.
- Beweis: Präsentieren Sie Beweise, wie z.B. eine Studie, ein Testergebnis oder einen Bericht von einem Referenzkunden.
- Highlight: Unterstreichen Sie das Gesagte mit einer Story und liefern Sie den Teilnehmern ein Aha-Erlebnis.
- Interaktion: Holen Sie sich wieder das Feedback der Teilnehmer zur vorgestellten Problemlösung – am besten im Chat.
- Kernbotschaft 2 und 3: Präsentieren Sie zwei weitere Lösungen anlog zu Kernbotschaft 1.
- Zusammenfassung: Fassen Sie das Wichtigste aus Ihrem Vortrag zusammen.
- Angebot: Präsentieren Sie nun Ihr Webinar-Angebot. Legen Sie eine Frist für die Gültigkeit des Angebots fest.
- Nächster Schritt: Sagen Sie dem Teilnehmer, was er jetzt tun soll, wie z.B. Gratis-Infogespräch buchen, Direktbestellung im Webshop.
- Schlussfolie: Auf der Schlussfolie sind Ihre gesamten Kontaktdaten zu sehen. Lassen Sie diese Folie stehen, wenn Sie zur Frage-Runde übergehen.

Achten Sie bei Ihrer Präsentation darauf, an die limbischen Belohnungs-Systeme anzudocken. Geben Sie Belohnungs-Elemente für alle drei Bereiche, also Balance, Dominanz und Stimulanz, in Ihre Präsentation. Heben Sie den Bereich hervor, der bei Ihrem Thema bzw. Ihren Zuhörern am stärksten vertreten ist.

- **Sicherheit (Balance-System):** Gute Struktur, berührende Geschichten, Zitate, Humor, Referenzgeschichten, Kunden-Meinungen, Testergebnisse, Praxis-Tipps
- **Kompetenz (Dominanz-System):** Logische Struktur, Zahlen, Daten, Fakten, Berichte, Berechnungen, Checklisten, Motivation auf Gewinn und Status, kurze und prägnante Präsentation

→ **Abwechslung (Stimulanz-System):** Überraschungs-Effekte, Neuheiten, Spannung, kreative Inputs und Ideen, abwechselnde Präsentations-Methoden, anders sein als andere

5. Die Webinar-Moderation

Da Sie im Webinar Ihre Teilnehmer nicht sehen können, ist eine interaktive Webinar-Moderation besonders wichtig, damit die Teilnehmer bei der Sache bleiben. Daher: Binden Sie die Teilnehmer über das Chat-Fenster ein, indem Sie alle fünf bis sieben Minuten eine Verständnis-Frage stellen oder die Teilnehmer eine Zahl schätzen lassen. Sprechen Sie die Teilnehmer dabei direkt an („Sie-Sprache"). Kommunizieren Sie möglichst bildhaft, z.B. mit Metaphern.

Lassen Sie die Teilnehmer über Meinungen oder Fakten abstimmen – am besten mit dem Umfrage-Tool. Nach der Abstimmung der Teilnehmer wird das Ergebnis in Form eines Tortendiagramms dargestellt.

Fordern Sie zum Erfahrungsaustausch im Chat auf. Die soziale Interaktion zwischen den Teilnehmern bewirkt, dass sich diese mehr mit dem Webinar identifizieren.

Enden Sie mit einer Frage-Runde. Planen Sie dafür fünf bis zehn Minuten Zeit ein.

• •

TIPPS FÜR DIE MODERATION

→ Ideal ist ein Plauderton, ähnlich einem Radio-Moderator

→ Punktiert sprechen

→ Keine Ähs

→ Klare Aussprache: Achten Sie insbesondere auf folgende Buchstaben: ei, ai, eu, a, e, i, o, u, ä, ö, ü, b, p, d, t

→ Nicht nuscheln

→ Stimmlage wechseln, Sätze hervorheben

→ Nicht zu hoch sprechen

→ Tempo variieren

→ Flott, aber nicht zu schnell

→ Pausen machen

• •

Der Zeitplan für Ihr erstes Webinar

Wenn Sie erstmals ein Webinar abhalten, sollten Sie mit einer Vorlaufzeit von vier Wochen rechnen, damit Sie alles vorbereiten können.

Vier Wochen vor dem Webinar

→ Entwickeln der Webinar-Strategie

Drei Wochen vor dem Webinar

→ Texten der Webinar-Einladung
→ Anlegen des Webinars auf Ihrer Webinar-Plattform
→ Generieren des Links zum Webinar-Raum
→ Erstellen einer Landing Page für die Anmeldungen
→ Erstellen einer eigenen Unterseite für das Webinar auf Ihrer Website
→ Einbau eines Hinweises auf das Webinar auf der Startseite Ihrer Website

Zwei Wochen vor dem Webinar

→ Anlegen des Webinars auf Ihren Social-Media-Plattformen, am besten über die Veranstaltungsfunktion
→ Vorbereiten des Einladungs-Mailings
→ Erstellen der PowerPoint-Präsentation
→ Üben der Präsentation offline (Text, Stimme)

Eine Woche vor dem Webinar

→ Einladen der Kontakte über Ihre Social-Media-Plattformen
→ Posten der Einladung in den Gruppen der Social-Media-Plattformen
→ Versenden der E-Mail-Einladung an die eigenen Kontakte
→ Vertraut machen mit der Webinar-Technik, vorerst offline
→ Abhalten eines Probe-Webinars online, alleine, ohne Publikum:
   – Flüssig sprechen üben
   – Präzise Formulierungen finden (Feinschliff)
   – Überleitung von einer Folie zur nächsten
   – Abstimmen der Klicks in der Präsentation
   – Zeit in den Griff bekommen (Merken Sie sich, bei welcher Folie Sie ein Viertel, die Hälfte und drei Viertel der Zeit verbraucht haben dürfen, um im Zeitplan zu liegen)

- Technik üben
- Stimme üben
➔ Abhalten eines Probe-Webinars online, mit Test-Publikum (Interaktion):
  - Interaktionen üben (Online-Präsentations-Methodik)
  - Fragen und Antworten durchspielen
➔ Ansehen der Aufzeichnung des Probe-Webinars und Analyse

Ein Tag vor dem Webinar

➔ Generalprobe
➔ Technische Pannen anhand einer Trouble-Shooting-Checkliste üben:
  - Was mache ich, wenn mich die Teilnehmer nicht hören bzw. sehen?
  - Was mache ich, wenn ich aus der Leitung falle?
  - Was mache ich, wenn …?
➔ Aufzeichnung analysieren
➔ Versenden des ersten Erinnerungs-Mailings mit Link zum Webinar-Raum
➔ Hochladen der PowerPoint-Präsentation auf die Webinar-Plattform
➔ Vorbereiten eines Downloads, den die Teilnehmer im Anschluss an das Webinar erhalten
➔ Vorbereiten der Nachfass-Mailings

Eine Stunde vor dem Webinar

➔ Versenden des zweiten Erinnerungs-Mailings mit Link zum Webinar-Raum
➔ Einstimmung auf das Webinar: Bereiten Sie sich nach diesem Fahrplan auf den Startschuss vor:
  - Störquellen wie Handy und Telefon ausschalten sowie Fenster schließen, Schild „Bitte nicht stören" an der Tür platzieren
  - Glas Wasser bereithalten
  - Technik-Check (Leitung, Mikro)
  - Einloggen und Begrüßung in den Chat schreiben, z.B. „Herzlich Willkommen zu meinem Webinar. Wir starten um 16:00. Dann schaltet sich auch der Ton an. Bis gleich, Ihr Name."
  - PowerPoint-Präsentation aktivieren, sodass Sie am Webinar-Bildschirm erscheinen

Abhalten des Webinars

→ Bei Start: Begrüßen der Teilnehmer
  – „Können Sie mich hören?" Sound-Check, eventuell technische Anpassung
  – Eisbrecher-Frage: „Von wo aus nehmen Sie teil?"
  – Nehmen Sie die Antworten auf die folgenden Fragen gleich vorweg:
    „Wie lange dauert das Webinar?"
    „Gibt es eine Aufzeichnung?"
    „Wie bzw. wann kann ich Fragen stellen?"
    „Wie schreibe ich im Chat?"
→ Danach starten mit der eigentlichen Präsentation
→ Abschluss des Webinars mit einer Frage-Runde

Eine Stunde nach dem Webinar

→ Versenden des ersten Nachfass-Mailings
→ Analyse der Anzahl der Teilnehmer und der Verweildauer (Webinar-Controlling)

Ein Tag nach dem Webinar

→ Versenden des zweiten Nachfass-Mailings
→ Ansehen der Aufzeichnung des Webinars und Analyse
→ Bearbeiten der ersten Reaktionen der Teilnehmer

Drei bis fünf Tage nach dem Webinar

Drittes Nachfass-Mailing

Kapitel 8:

Akquise mit Content-Marketing

Setzen auch Sie auf einen digitalen Tauschhandel, der für beide Seiten eine Win-win-Situation darstellt: Verschenken Sie wertvollen Inhalt im Netz und gewinnen Sie im Gegenzug neue Besucher für Ihre Website. Interessierte Leser tragen sich gerne in Ihren Lead-Verteiler ein, um noch mehr spannende Inhalte von Ihnen zu erhalten. Lesen Sie in diesem Kapitel, wie Sie mit Content-Marketing Leads und Kunden gewinnen.

Content-Marketing schafft Vertrauen

Content-Marketing hat die Aufgabe, mit informierenden, beratenden und unterhaltenden Inhalten die Zielgruppe anzusprechen und Vertrauen aufzubauen. Spannende Inhalte haben das Potenzial, eine Sog-Wirkung auszulösen. „Content-Marketing statt Kalt-Akquise" ist das Motto.

Der unmittelbare Zweck von Content-Marketing ist die Lead-Generierung. Fachkundiger Inhalt, der dem Leser einen Mehrwert bietet, erzeugt eine Sog-Wirkung. Mehr Besucher auf Ihrer Website und direkte Anfragen sind die Folge. Bedenken Sie immer: Ihre Leser von heute sind Ihre Kunden von morgen. Reine Selbstbeweihräucherung geht daher völlig vorbei am Kunden. Der Inhalt muss dem Leser einen echten Nutzen bieten und die Lust auf mehr wecken. Dann tragen sich auch Interessenten gerne in Ihren Lead-Verteiler ein.

Content-Marketing wird auch zur Suchmaschinen-Optimierung eingesetzt. Bauen Sie daher die für Ihr Thema relevanten Keywords in Ihren Text ein und lassen Sie sich so im Internet finden. Interessante Inhalte werden übrigens gerne auch viral verbreitet.

Wertvoller Content hat viele Gesichter: E-Books, Checklisten, Anleitungen, Fachartikel, PR-Artikel, Blogposts, transkribierte Interviews, White Papers, Bilder und Bilder-Slideshows, PowerPoint-Präsentationen, Videos, Podcasts, Tutorials u.v.m.

Content-Marketing ist kostenlos. Allerdings brauchen Sie dafür viel Zeit. Eine goldene Regel besagt, dass Sie 50 Prozent der Zeit für die Erstellung des Contents brauchen und nochmals 50 Prozent, um den Content zu promoten. Die Promotion erfolgt über Ihre Social-Media-Kanäle, per E-Mail-Marketing und über Suchmaschinen-Optimierung.

Diese Plattformen eignen sich zur Verbreitung Ihrer Inhalte:

→ Text-Content: eigene Website, eigener Blog, Blogs von Partnern (Gastbeitrag), offene Blog-Plattformen, wie z.B. blogger.de, XING, Facebook, LinkedIn
→ Bilder-Content: Pinterest, Flickr, Instagram
→ Video-Content: YouTube, Vimeo
→ Präsentationen: Slideshare

Wie die Akquise mit Content-Marketing funktioniert

Wählen Sie Ihre Kanäle aus: Blog, Artikelportale, Presseportale, Social-Media-Plattformen etc. und registrieren Sie sich.

Spezialisieren Sie sich auf ein bestimmtes Thema und erstellen Sie einen Zeitplan, wann und wo Sie welchen Content verbreiten.

Recherchieren, strukturieren und verfassen Sie spannende und nützliche Texte. Beachten Sie, dass Sie mit den Texten Interesse und Begeisterung wecken wollen. Optimieren Sie diese Texte für die Suchmaschinen.

Posten Sie Ihre Texte regelmäßig in Ihren Kanälen, verlinken Sie diese zu Ihrer Website und generieren Sie Leads über Ihre Website.

Blog-Marketing – Werden Sie Ihr eigener Redakteur

Was früher die Firmenzeitung in gedruckter Form war, ist heute der Blog. Ein Blog ist eine Art Magazin im Internet. Der große Unterschied zu einer „normalen" Website ist, dass auf einem Blog neue Einträge (Blog-Artikel) automatisch nach Datum geordnet werden. Dazu können Sie Ihre Artikel nach Kategorien ordnen und Markierungen (Tags) hinzufügen. Das erleichtert dem Leser das Finden von relevanten Beiträgen.

Betrachten Sie Ihren Blog nicht einfach als Blog, sondern als Mittelpunkt Ihrer Content-Marketing-Strategie. Generieren Sie hier Content und verbreiten diesen dann im Internet. Werden Sie zum Redakteur Ihrer eigenen Firmenzeitung im Netz. Publizieren Sie mit Hilfe eines Blogs, ohne HTML-Kenntnisse. Die modernen Blog-Systeme wie z.B. WordPress machen es möglich.

Ihr Nutzen:

→ Aufbau eines Experten-Status
→ Aufbau von Leads in Form von Blog-Abonnenten
→ Virales Verbreiten der Blog-Beiträge
→ Mehr Besucher auf Ihrer Website, da Blogartikel bei Google besser indexiert werden als „normale" Seiten
→ Wertvolle Backlinks – Ihre Website steigt bei den Suchmaschinen

227

Wie Sie mit Blogs Leads und Neukunden generieren
Wie ein professioneller Blogbeitrag aufgebaut sein soll

Geben Sie Ihrem Blogbeitrag einen neugierig machenden Titel. Im Titel sollte auch Ihr Google-relevantes Keyword enthalten sein. Der Untertitel ist eine Erklärung des Haupttitels und motiviert die Leser zum Weiterlesen. Der erste Absatz ist eine Einleitung und Zusammenfassung des Blogbeitrags (maximal sechs Zeilen). Der Hauptteil ist der eigentliche Content. Ein Blogartikel sollte 150 bis 350 Wörter lang sein.

Verbreiten Sie Ihren Blogbeitrag in den Social Media, insbesondere bei Facebook, XING und LinkedIn. Außerdem sollten Sie Ihren Blog in den wichtigsten Blogverzeichnissen eintragen, um besser von den Suchmaschinen gefunden zu werden. Wichtige Blogverzeichnisse sind z.B.:

→ webwiki.de/blogverzeichnis.com
→ blog.liste24.at
→ blogheim.at
→ topblogs.de

Richten Sie Ihren eigenen Blog in WordPress ein.

Konzentrieren Sie sich bei Ihrem Blog auf ein Thema und veröffentlichen Sie dazu immer wieder neue Inhalte. Versehen Sie Ihre Artikel mit Keywords für die Suchmaschinen.

Verbreiten Sie Ihre Blog-Beiträge in Ihren Social-Media-Kanälen und via E-Mail-Marketing und bauen Sie so neue Leads in Form von Blog-Abonnenten auf.

Führen Sie einen Dialog mit den Lesern über die Kommentar-Funktion und recyceln Sie Ihre Blog-Beiträge für andere Medien: Fachartikel, PR-Artikel, Newsletter, Social-Media-Beiträge, Gastartikel in anderen Blogs, Experten-Plattformen etc.

Erfahren Sie mehr über die Inhalte, die in einen Blog gehören, in Kapitel 3 unter „Geben Sie Ihrer Website eine persönliche Note".

TIPP

Machen Sie Ihren Blog zu einem Serien-Hit. Schreiben Sie eine Serie an inhaltlich aufeinander aufbauenden Artikeln. Wecken Sie am Ende eines Artikels schon die Neugierde des Lesers auf den nächsten.

Technische Umsetzung Ihres Blogs

Blogging-Plattformen, wie z.B. blogger.de oder blog.de, sind für Unternehmens-Blogs eher ungeeignet. Am besten, Sie legen Ihren eigenen Blog mit der Open Source Software WordPress an, die kostenlos ist. Idealerweise ist Ihr Blog in Ihre „normale" Website integriert. Ist das nicht möglich, dann starten Sie mit einem „externen" Blog. Fragen Sie den Provider Ihres Webspace, ob er WordPress auf Ihrem Webspace anbietet.

Artikel-Marketing – Schreiben Sie sich zum Experten auf Ihrem Gebiet

Ziel des Artikel-Marketings ist nicht, Ihr Angebot zu bewerben, sondern Ihr Wissen als Köder für Ihre Lead-Gewinnung zu nutzen. Veröffentlichen Sie Ihr Wissen im Internet und ziehen Sie so Interessenten an.

Sind Sie Experte auf Ihrem Gebiet? Dann haben Sie bestimmt etwas zu sagen. Sagen Sie es nicht nur, sondern schreiben Sie es auch nieder. Am besten in Form eines Fachartikels.

Verbreiten Sie diese Fachartikel im Netz. Erwerben Sie sich auch so im Internet und den Social Media den Ruf eines Experten. Schreiben Sie sich ins Gedächtnis Ihrer Zielgruppe. Dann werden Sie auch kontaktiert, wenn Ihre Leistung gebraucht wird.

Artikelverzeichnisse bieten Ihnen die Möglichkeit, einen für Ihr Thema relevanten Text online zu stellen und diesen mit einem Link zu versehen. Achten Sie darauf, dass Sie jeden Text nur einmal verwenden, um keinen „Duplicated Content" (gleicher Content auf mehreren Websites) zu produzieren. Suchen Sie die für Ihr Thema passenden Artikelverzeichnisse via Google-Suche. Geben Sie „Artikelverzeichnis" oder „Artikel-Portal" + „Ihr Thema" ein. Registrieren Sie sich auf der jeweiligen Plattform und stellen Sie Ihre Texte online.

Ihr Nutzen:

→ Aufbau eines Experten-Status
→ Aufbau von Vertrauen und Glaubwürdigkeit
→ Virale Verbreitung Ihrer Artikel
→ Mehr Besucher auf Ihrer Website
→ Wertvolle Backlinks – Ihre Website wird in den Suchmaschinen höher gereiht
→ Für jedes Unternehmen, jede Branche und jedes Projekt geeignet

Wie Sie mit Artikel-Marketing Leads und Neukunden generieren

Registrieren Sie sich bei (kostenlosen) Artikel-Portalen und veröffentlichen Sie immer wieder neue Artikel. Wählen Sie einen aussagekräftigen Titel – der Titel muss für die Zielgruppe attraktiv sein – und überzeugen Sie mit Inhalten, die dem Leser Nutzen bieten: Problemlösungen, Tipps, Fachwissen, Neuheiten. Optimieren Sie Titel und Text für die Suchmaschinen, indem Sie Keywords einbauen.

Fügen Sie im Text ein bis zwei Links zu Ihrer Website dazu (Textlinks). Bauen Sie einen Köder ein, der die Leser auf Ihre Website bzw. Ihren Blog lockt: „Auf meiner Website erhalten Sie eine kostenlose Checkliste zum Thema X." Veröffentlichen Sie regelmäßig: Einmal ist keinmal!

Wie ein professioneller Fachartikel formal aufgebaut sein soll

→ Geben Sie Ihrem Artikel einen neugierig machenden Titel.

→ Der Untertitel ist eine Erklärung des Haupttitels und motiviert die Leser zum Weiterlesen.

→ Der erste Absatz ist eine Einleitung und Zusammenfassung des Artikels (maximal sechs Zeilen).

→ Der Hauptteil ist der eigentliche Artikel. Werbesprache hat in einem Fachartikel nichts verloren. Der Hauptteil soll circa 400 Wörter lang sein.

→ Geben Sie einen Autorenhinweis an das Ende Ihres Artikels. Beschreiben Sie Ihre Person in drei Sätzen und fügen Sie Ihren Link zur Website dazu.

Verbreiten Sie Ihren Artikel in den Social Media, insbesondere bei LinkedIn, in Artikel-Portalen und auf Experten-Plattformen.

● ●

ARTIKEL-PORTALE[5]

→ blogalog.de

→ dialolinks.de

→ experto.de

---

[5] Achtung: Online-Artikel-Portale unterliegen einer großen Fluktuation. Das heißt, dass Portale, die heute aktuell sind, vielleicht schon bald keine Einträge mehr annehmen oder sogar geschlossen werden. Dafür kommen immer wieder neue Portale heraus.

→ stgp.org
→ surftip.de

Online-Presseportale – Verbreiten Sie Ihre PR-Texte online

Die Idee der Pressemeldung ist nicht neu: Schon in den Zeiten vor dem Internet haben Unternehmer kostenlose Pressemeldungen in Zeitungen und Fachzeitschriften veröffentlicht (PR-Beiträge). Durch das Internet erhält das Ganze jedoch eine größere, virale und vor allem permanente Dimension.

Je nach Presseportal können Sie dort auch Bilder und eine Pressemappe einstellen. Manche Dienste veröffentlichen Ihren PR-Beitrag bei Google News, andere über Social-Media-Kanäle. Einige Dienste senden Ihre Artikel auch per E-Mail an einen ausgewählten Presseverteiler. War früher ein Presseartikel schon am nächsten Tag im Altpapier, bleiben heute Artikel im Internet dauerhaft gespeichert. Und auch auffindbar.

Ihr Nutzen:

→ Aufbau von Bekanntheit im Netz
→ Virales Verbreiten Ihrer Pressemitteilungen
→ Dauerhafte PR im Internet
→ Mehr Besucher auf Ihrer Website
→ Wertvolle Backlinks – Ihre Website wird in den Suchmaschinen höher gereiht

Wie Sie mit Pressemeldungen Leads und Neukunden generieren

Registrieren Sie sich bei (kostenlosen) Presseportalen und veröffentlichen Sie immer wieder neue Pressemitteilungen. PR funktioniert langsam. Um in der Flut der Pressemeldungen Gehör zu bekommen, ist es sinnvoll, öfter mit einem Paket von mindestens vier Pressemeldungen zu „klotzen", als nur alle paar Monate mit einer Einzel-Mitteilung zu „kleckern".

Schreiben Sie Ihre Pressemeldungen wie ein Redakteur. Die direkte Leseransprache ist hier Tabu. Schreiben Sie also in einer neutralen Form, andernfalls nehmen die Online-Presseportale Ihren Artikel gar nicht an!

Versehen Sie Ihre PR-Artikel mit Keywords für die Suchmaschinen und verlinken Sie Pressemitteilungen zu Ihrer Website. Bauen Sie Links in Ihre Texte ein (Textlinks).

Schreiben Sie Ihre Texte für jedes Presseportal um, damit kein Double Content entsteht.

Wie ein professioneller PR-Text aufgebaut sein soll

→ Geben Sie Ihrer Pressemeldung einen neugierig machenden Titel.

→ Der Untertitel ist eine Erklärung des Haupttitels und motiviert die Leser zum Weiterlesen.

→ Der erste Absatz ist eine Einleitung und Zusammenfassung der Pressemeldung (maximal sechs Zeilen).

→ Der anschließende Hauptteil ist die eigentliche Pressemeldung. Werbesprache hat in einer Pressemeldung nichts verloren. Der Hauptteil soll circa 400 Wörter lang sein.

→ Geben Sie einen Autorenhinweis an das Ende Ihrer Meldung. Beschreiben Sie Ihre Person in fünf Sätzen und geben Sie Ihre Kontaktdaten sowie einen Link zu Ihrer Website dazu.

● ●

PRESSEPORTALE[6]

agentur-presse.de / artikel-presse.de / businessportal24.com / business-presse.de / firmenpresse.de / freie-pressemitteilungen.de / go-with-us.de / inar.de / livejournal.com / live-pr.com / my-pr.de / nachrichten.net / neue-pressemitteilungen.de / news-eintrag.de / newsfenster.de / offenes-presseportal.de / online-artikel.de / online-presse.at / online-pressearbeit.net / online-zeitung.de / onprnews.com / openbroadcast.de / open-business-network.com / open-promo.de / prcenter.de / pr-echo.de / pressaktuell.de / pressbot.net / presseboard.de / presseecho.de / pressefeuer.at / pressekat.de / pressemeldungen.at / pressemitteilung4u.de / presseschleuder.com / pressewelle.de / pressnetwork.de / pr-inside.com / prmitteilung.de / prnews24.com / pr-terminal.com / ptext.ch / ptext.de / regional-presse.de / tagesmeldungen.de / ticker2press.de / trendkraft.de / weltjournal.de / zunews.de

---

[6] Achtung: Online-Presseportale unterliegen einer großen Fluktuation. Das heißt, dass Portale, die heute aktuell sind, vielleicht schon bald keine Einträge mehr annehmen oder sogar geschlossen werden. Dafür kommen immer wieder neue Portale heraus.

BRANCHEN UND THEMENPORTALE

321fastweg.de / absatzwirtschaft-biznet.de / anlage-stratege.de / bestnet.com / bundesaerztekammer.de / business-austria.at / cooler-papa.de / debiblog.de / dimano.de / finantia.de / firmenabc.at / gastroecho.de / gastronomie-news.com / geld.fm / geschichte.de / golf-news.de / greentech-germany.com / hotellerie-nachrichten.de / immobilienwirtschaft360.de / it-newmedia-software.de / itnote.de / kunstmelder.de / marketing-boerse.de / marktplatz-mittelstand.de / mediportal-online.eu / medizin-aspekte.de / meinparteibuch.de / news.immobilienscout24.de / portalderwirtschaft.de / prodemark.de / shopping-news-magazin.de / sport-news.de / technologie-medien.de / toy-press.de / travelpedia.de / verbraucherpresse.com / verbraucherschutz.ag / wirtschaftsnachrichten-online.de / wirtschafts-presse.de / yelp.at

• •

GLOSSAR

Artikel-Marketing: Ziel des Artikel-Marketings ist nicht, ein Angebot zu bewerben, sondern attraktive Fachartikel als Köder zur Lead-Generierung im Internet zu verbreiten.

Autoresponder: Ein Autoresponder ist eine automatisiert versendete Mail. Der Versand an eine E-Mail-Adresse wird automatisch gestartet, sobald sich diese E-Mail-Adresse in den Verteiler einträgt. Der Autoresponder ist der Beginn und die Aufwärmphase einer guten Beziehung mit dem Lead.

Backlink: Ein Backlink ist ein Link, der von einer anderen Website auf die eigene verweist. Die Anzahl und die Qualität von Backlinks sind ein wichtiger Faktor für die Offpage-Suchmaschinen-Optimierung.

Blog: Das Wort „Blog" ist eine Zusammensetzung aus den Wörtern „Web" und „Logbuch". Der Blog dient zur Kommunikation und zum Austausch von Inhalten. Der Leser kann dabei Artikel kommentieren bzw. über sie diskutieren. Die Beiträge (Blogposts) werden chronografisch gereiht, der neueste Beitrag steht jeweils ganz oben. Zur besseren Auffindbarkeit werden Blogbeiträge nach Kategorien sortiert und mit Tags (Markierungen) versehen.

Content: Als Content bezeichnet man alle Formen von Inhalten im Internet, wie z.B. Texte, Bilder, Videos, Podcasts und andere Formate. Der Spruch „Content is King" gilt nicht nur im Rahmen der Suchmaschinen-Optimierung, sondern ist die Grundlage erfolgreicher Internet-Akquise.

Duplicate (Double) Content: Duplicate (Double) Content sind Inhalte, die an mehreren Stellen im Internet veröffentlicht sind. Suchmaschinen bewerten Duplicate Content negativ.

Freebee: Freebees sind kostenlose Geschenke, die einem Internet-Nutzer einen guten Grund geben, seine E-Mail-Adresse zu hinterlassen. Beliebte Freebees sind E-Books (spezielle Ratgeber-Broschüren in elektronischer Form), Checklisten, Videos und Einladungen zu Vorträgen, Webinaren oder anderen Veranstaltungen.

Landing Page: Eine Landing Page ist eine Ein-Seiten-Webpage ohne Navigations-Menü. Sie hat nur eine Aufgabe: E-Mail-Adressen von Leads zu generieren.

Lead: Ein Lead ist ein Interessent, der sich für ein bestimmtes Thema bzw. Angebot interessiert und der mit seiner E-Mail-Adresse bekannt und identifizierbar ist.

Leadmagnet: Leadmagneten sind entweder Teaser-Texte (Texte, die neugierig machen) in Form von Social Media Postings oder grafisch gestaltete Banner auf einer Website bzw. einem Social-Media-Profil mit dem Zweck, ein Freebee, wie z.B. ein E-Book zu bewerben.

Limbische Belohnungs-Systeme: Das limbische System sind die Bereiche im Gehirn, die für die emotionale Verarbeitung zuständig sind. Das limbische System prüft Reize von außen auf deren emotionale Relevanz. Dafür stehen die drei limbischen Belohnungs-Systeme zur Verfügung: das Balance-System (Sicherheit, Stabilität, Ordnung, Bindung, Fürsorge), das Dominanz-System (Macht, Autonomie, Status) und das Stimulanz-System (Neugierde, Entdeckung, Abwechslung).

Marketing 2.0: Marketing 2.0 ist die Marketing- und Vertriebs-Strategie, die auf den Anwendungen des Internet 2.0 basiert.

Pay-per-Click-Anzeigen: Das Pay-per-Click-Modell (auch Cost-per-Click, CTC) ist ein im Online-Marketing übliches Abrechnungsverfahren für Werbekosten. Der Werbekunde zahlt für jeden Klick eines Nutzers auf seine Anzeige einen Betrag an Google bzw. Facebook.

Posting: Ein Posting ist der Eintrag eines Beitrags auf einem Blog bzw. einem Social-Media-Profil.

SEM (Suchmaschinen-Marketing): SEM bedeutet Suchmaschinen-Werbung in Form von bezahlten Werbe-Anzeigen, die auf einer Website eingeblendet werden.

SEO (Suchmaschinen-Optimierung): SEO beschreibt alle Maßnahmen die auf einer Website gesetzt werden, um in den Suchmaschinen-Ergebnissen möglichst weit vorne gereiht zu werden.

Sog-Marketing: Sog-Marketing zielt darauf ab, dass der Kunde von sich aus auf das Unternehmen und sein Leistungsangebot aufmerksam wird und selbst nachfragt.

Glossar

Teaser: Ein Teaser (von engl. *tease* „reizen, necken") ist ein kurzes Text- oder Bildelement, das zum Weiterlesen bzw. -klicken verleiten soll.

Traffic: Besucherströme auf eine Website werden als Traffic bezeichnet.

Webinar: Das Wort „Webinar" kommt ursprünglich aus dem Bildungsbereich und setzt sich aus den zwei Wörtern „Web" + „Seminar" zusammen. Es bedeutet also „Seminar, das via Internet stattfindet". Im Akquise-Bereich verstehen wir unter dem Begriff Präsentationen bzw. Vorträge im Internet.

BUCHEMPFEHLUNGEN

Häusel, Hans-Georg: „Think Limbic", Haufe 2013
Hermann-Ruess, Anita: „Das gute Webinar", Addison-Wesley 2012
Lutz, Andreas und Rumohr, Joachim: XING optimal nutzen, Linde 2014
Merath, Stefan: Die Kunst, seine Kunden zu lieben, Gabal 2011
Schneider, André: „Kundenakquise in Social Media", Wiley 2013

ÜBER DIE AUTORIN

© *oliver-zehner.com*

Mag. Margit Moravek, Jahrgang 1967, studierte an der Wirtschaftsuniversität Wien Handelswissenschaften (heute „Internationale Betriebswirtschaft") und beschäftigte sich schon im Rahmen ihres Studiums mit Dialog-Marketing.

Die Erfolgsgesetze des klassischen Dialog-Marketing übertrug sie ab 2000 auf die Internet-Akquise. Sie gilt als Pionierin des E-Mail-Marketing in Österreich und ist eines der aktivsten XING-Mitglieder seit der ersten Stunde. Auch im Bereich Akquise-Webinare zählt sie zu den Vorreitern im deutschsprachigen Raum.

Sie ist seit 1995 Geschäftsführerin von comstratega Unternehmensberatung & Marketing GmbH (Wien). Gemeinsam mit ihrem Team bietet sie Beratung, Projekt-Umsetzung und Schulung im Bereich Internet-Akquise im gesamten deutschsprachigen Raum. Seit 2006 ist sie Referentin für E-Mail-Marketing an der Fachhochschule Wiener Neustadt.

Kontakt

Margit Moravek
Comstratega Unternehmensberatung & Marketing GmbH
Favoritenstraße 106/5
A-1100 Wien
Telefon: +43 1 486 4760
E-Mail: office@comstratega.at

Websites

www.internet-akquise.tips (Buchseite)
www.comstratega.at (Firmenseite)
www.internet-akquise-akademie.com (Online-Kurse)
www.internet-akquise-seminar.com (Internet-Akquise Seminare)
XING: xing.to/MargitMoravek
Facebook: www.facebook.com/comstratega

Gratis Arbeitsbuch zum Buch "Das 1x1 der Internet-Akquise"

bit.ly/arbeitsbuch-internet-akquise

STICHWORTVERZEICHNIS

241

Stichwortverzeichnis